U0002438

新手養狗

朱建光◇審訂　世茂編輯群◇編著

推薦序

沒有養過狗的人大概沒有辦法體會養狗的樂趣⋯⋯

我有皮膚過敏的毛病！醫生跟我說：「你只要把狗送人就好了。」我說：「不可能！那是我的家人，你會因為身體癢，就把家人送走嗎？」

狗就是這個樣子，牠總是有辦法不言不語，擄獲你的心，撫慰你的心靈，讓你留下一個畢生難以忘懷的美好記憶！

我還真不知道沒有狗的日子我不曉得要怎麼過！？

台中市世界聯合保護動物協會　總幹事　賴俊佑

審訂者序

記得在國外一部電影裡，小孩對著大人說：「我將來成功時，要有房子、有車子、還要養一隻狗。」能養一隻狗也許代表的是身分地位的象徵，但是真正的獲得並不是在表現個人地位的驕傲，而是同一屋簷下，兩種不同哺乳類動物共同生活時，一些肢體語言與感情的交集。

同樣的，國內飼養狗兒的人口越來越多，來自各國不同的犬隻種類也相對的增加，家庭裡飼養一隻同伴動物似乎成為一個潮流。

但是要如何成為一個好的飼主，必須要先蒐集資料，依照自己生活環境以及經濟狀況，選擇適合的犬隻，而往往初次養狗的主人大半都是因為一時衝動，將狗兒帶回家裡，才發現環境狹小不適合飼養或是鄰居抗議狗吠叫聲音太吵，也有帶回的犬隻健康狀況不佳，花了一大筆費用醫治，甚至在飼養過程中出現許多管教上的問題，才開始後悔，諸如此類的狀況非常多。

這本書依照目前台灣現況編修，提供各位從養狗前的規劃到選擇適合犬隻相關步驟，以及後期的照顧訓練及預防保健、疾病介紹的資訊，希望對飼養犬隻的主人有所助益。

朱建光　獸醫師

CONTENTS

Chapter 2 狗狗的照顧 ………… *39*

Chapter 3 狗狗的飲食與營養 ‥ 55

Chapter 4 狗狗的巧妙訓練 …… *69*

Chapter 6 狗狗的健康管理 ··· *123*

CHAPTER 1

Becoming a dog owner

要養一隻狗

Want to be a owner

1 我要當狗爸（狗媽）

要迎接新的寵物進門，可不能只是三分鐘熱度！在決定飼養之前，趕緊冷卻一時的衝動，請先想一想自己眞的能養嗎？眞的能爲一隻狗負責嗎？眞的不介意狗兒未來數年都將介入你的生活？因爲，對你而言，雖然這不是婚姻大事，但卻是狗兒的終生大事。

基本上，飼養狗兒和照顧小孩一樣，牠會成爲全家人的重心，吸引所有人的焦點。飼主是必須付出愛心與耐心的，同時，還必須有充裕的時間與金錢來照顧牠，以提供良好的生活環境與品質。如此狗兒才會健康地成長，並使人與寵物之間的情感更親密。

　　曾經看過許多家庭把狗帶回家裡，百般疼愛一陣子後就對牠不再感興趣，然後像用舊的布偶般，往旁推置愛理不睬，隨之只提供三餐溫飽，剩餘概不理會，可憐的狗兒因此嚐盡人間冷暖。如此萬萬不可，既然決定把狗帶回家中飼養，即應盡心盡力教育牠，成為家中的一員。

家人同心協力的照顧

　　狗兒需要各方面的照顧，譬如飲食、運動、理容等等，這些飼育照顧工作都需要家人分工完成。尤其是，在決定帶狗狗回家之前，必須要先考慮是否會造成其他家庭分子，不論是家人、情人、伴侶、朋友的不快及負擔。因為養狗還需要飼主有足夠的時間與精力去餵食、清理籠舍、梳理毛髮、洗澡、管理訓練、陪牠玩耍、與定期帶給獸醫做健康檢查。如果家中還有孕婦、幼兒、老人、病人或會過敏的人，若在養狗之前沒有事先協調，或許會為家中突如其來的一分子而招致紛爭。

應考慮鄰近地區與居家環境

近來在公寓飼養貓狗的情形迅速增加。當狗兒居住在公寓大樓內，吠叫的聲音很容易會引起鄰居的不滿。因為對於那些不喜歡狗貓的人而言，對於狗狗會造成的環境張亂與噪音污染是難以忍受。並且，居住的地方若為公寓大廈，要先確認大樓管委會關於飼養寵物方面的規定，尤其居住的地方為承租的話，則須事先經過房東的同意。

再者，住所的周遭環境適不適合遛狗，也是個值得注意的問題。尤其是你願意每天至少花 30 分鐘帶狗狗去散步嗎？大型狗的活動需求更高，大約每天一小時，牠才不會落落寡歡。

飼養前需核算經濟狀況

經費是養狗前一定得事先考慮的問題，像是每日的飼料開銷、美容等支出，此外，當狗狗生病時的醫療、預防疫苗等，又是一筆可觀的費用。所以有必要將開支先行列表，可以向動物醫院、有養狗經驗的飼主朋友們收集齊全的調查資料，判斷自己能否負擔，免得飼養後形成家庭重擔，才後悔莫及。

The right dog in your heart
找一隻與你速配的狗

純種＆混種

一般來說，室內犬種偏向小型可愛的，但是毛質、體型、表情互異，連性格方面也大不相同。首次飼養的人最好不要先憑外觀選擇，應先了解各類狗狗的特質，以飼養環境以及目的為評選基準，再做明智的決定。又為了寵物的幸福，全家人都必須以愛心做好迎接準備。

任何種類的狗，都具有與人順應生活的個性，但是在育有幼兒的家庭，應考慮到幼犬及性情兇猛的成狗的飼養都可能帶來危險或病害。另一方面，經常無人留守的家庭，也應避免飼養神經質或膽小怕生的狗為佳，此外毛長、容易掉毛的狗也應斟酌。

大型＆小型

通常體型較小的狗需要較小的空間，較少的食物量，於是也就需要較少的花費。體型大的狗通常需要較大的生活空間與較多的食物量，通常是較佳的守衛犬，同時最好有足夠的時間帶牠出去運動。

公的＆母的

從外觀上公狗與母狗幾無差異，但多少擁有部分差異特質，值得飼主關心。

1. **外觀上的差異**：長毛狗的毛量特豐，體型特徵尤其明顯，但表情部分則以母狗部分較為溫柔多情

2. **性質上的差異**：一般劃分上，公狗的動作較活潑，而且在排尿的姿勢與母狗有明顯的不同，公狗單腳抬起，母狗後肢跨出下蹲，再者成年後的一年 2 次發情期間，母狗像人一樣也有生理現象，會弄髒室內，也會費洛蒙四處傳播吸引許多公狗。

3. 個性上的差異：公狗調皮活潑，比較有朝氣；母狗一般來說比較好照顧，也比較好教。

長毛＆短毛

照顧長毛狗比較費事，要經常梳理、美容、修剪。所以，長毛的狗狗需要花較多的時間梳理與清洗，而短毛的狗狗較易整理。而若您有對狗毛過敏的問題，需選擇較不易掉毛與易於整理的狗種。

成犬＆幼犬

出生後二、三個月的小狗，剛從母親、兄弟姊妹的身邊獨立，獨立出來後能早一日適應新居與新的家庭成員—人。飼養這種小狗，從餵食到健康管理都相當麻煩，但也因此增加人與狗之間的的信賴與情誼。

如果是新手父母，當然是照顧成犬比較輕鬆；但小小狗的可愛模樣，和一手拉拔長大的喜悅，是沒有經歷過的人很難體會的。

陪伴＆工作

犬種依照特性可以分為下列幾種：

1. 牧羊犬：一般原產地以歐洲居多，主要用途於牧羊，初始，會以中大型為主，但狼群漸漸減少之後，則有較小品種出現，一樣富有機動性，協助控制畜群的移動。而許多牧羊犬都具有高度服從性，尤其搜尋及救險工作的擔任，更是屢見踪跡。

2. **工作犬**：工作犬的種類繁多，隨著時間歷史背景的不同，工作犬所執行工作的多樣性，更是繁多。一般最常所見功能的，有雪橇犬、警衛犬、負重犬、戰鬥犬等等。依其原本個性、特點而培育出適合的品種。

3. **狘犬**：一般體型都不大，為獵犬所培育出來的，專門捕捉穴居動物如鼠、兔等。精力充沛，性格獨立，好奇心重，豪邁氣魄。現已經有很多種類，成為人們寵物犬。若受過訓練，亦可當成工作犬。在其個性中，由於本性之活潑，故而成為玩賞犬的所在多有，如約克夏狘。

4. **玩賞犬**：主要當作寵物犬。乃相對於工作犬或牧羊犬。這類犬種是屬於閒閒沒代誌讓人寵愛的，故而最主要特徵為趨於小型化。牠所提供的是友誼、歡笑，而不是實質上幫人類分擔工作。卻由於現今社會高度工業化，此類玩賞犬成了人們喜愛的伴侶。

5. **獵犬**：由於時間的演進，狗兒的功能越趨於專門，於是專門打獵用的犬種應運而生。此類犬種乃是為追逐獵物而培育，優點必須是移動速度快，靠嗅覺追逐獵物，為獵人指示目標等。又細分為單獵犬及群獵犬。單獵犬即為單獨陪獵人出外，特點乃是為獵人的好幫手。而群獵犬則須長途耐力，追逐獵物至獵物筋疲力盡。

Breed characteristics
犬種特質

下列資料，是讓新主人了解犬種的一些特質，並且簡單列出一些常見疾病或是遺傳疾病，僅供飼主參考！

犬種比較表

犬種	原產地	特徵	性質	好發疾病或遺傳疾病
吉娃娃	墨西哥	為超小型犬的代表，乍看下如玩偶，為短毛犬種，有白、紅、黑三類。	動作敏捷，聰明伶俐，天生的親和力有著極佳的人緣，但神經細膩，戒心甚重。	水腦症、氣管塌陷、膝蓋骨慣性滑脫、低血糖、齒齦炎、過敏性皮膚炎。
貴賓狗	德國	表現出精神煥發，優雅高貴的外型，毛色有黑、白、褐三色。	個性開朗、聰明，且動作機靈。	外耳炎、淚水增過多症、結膜炎、腸炎、皮脂漏、白內障、二尖瓣或三尖瓣閉鎖不全、凝血功能障礙、永存性動脈導管、家族遺傳性癲癇。
博美狗	德國	體型嬌小，毛髮如羽毛般柔軟，尤其以小巧的三角立耳，及大圓眼睛為最大特色。	性情耿直熱情，耐寒性強，但有神經質的傾向。	低血糖、淚水增過多症、氣管塌陷、永存性動脈導管、二尖瓣或三尖瓣閉鎖不全、隱睪症、膝蓋骨慣性滑脫。

24

馬爾濟斯犬	馬爾他島	體型嬌小，擁有白色的豐富長毛，像玩偶一般的可人。	個性明朗活潑，絲毫不知膽怯，喜好清潔，容易教導。	外耳炎、水腦症、眼瞼內翻、淚水增過多症、低血糖、二尖瓣或三尖瓣閉鎖不全、膝蓋骨慣性滑脫。
西施狗	中國	毛長及地，從頭罩至全身，外觀十分優雅，毛色有白色、金黃、銀灰三種。	性情活躍而充滿朝氣，非常聰明，走路時喜歡昂首闊步，充滿皇族的氣息。	眼瞼內翻、顎裂、角膜潰瘍、結膜炎、副腎皮質機能亢進症、過敏性皮膚炎、皮脂漏、泌尿道結石、凝血功能障礙。
北京狗	中國	外型頭大眼大，耳旁長滿獅鬃般的長毛。	胸襟寬大，有膽量，對來路不明的事物懷有警戒，遇事沈著。	眼瞼內翻、角膜潰瘍、白內障、軟口蓋過長、椎間板突出。
約克夏㹴	英國	毛色如絹絲一般柔亮光滑，會隨成長呈現鮮豔的銀藍色，色調也跟著變化。	個性開朗快活，頗具㹴犬的氣質，深情且溫和。	過敏性皮膚炎、外耳炎、腸炎、脫臼、水腦症、低血糖、二尖瓣或三尖瓣閉鎖不全。
雪納瑞㹴	德國	像老夫子般有著長長的鬍鬚，及短短的尾，毛色有灰銀色、淺黑色、咖啡色。	個性勇敢忠誠、聰明機靈、善解人意。	白內障、泌尿道結石、雪納瑞面皰症候群。
蘇格蘭㹴	英國	身軀整體成方型，腳短，上半身毛成針狀，下半身毛則極柔軟，色黑灰。	性溫馴而事主忠貞不二，好動且個性執著。	異位性皮膚炎。

西高地白㹴	英國	周身白毛，與人清新純淨的印象，腳短，但伸展時姿態優美。	性好嬉戲，非常討人喜歡，與其他㹴犬相比，除同樣溫和順從外，還擁有一份警戒心。	異位性皮膚炎、二尖瓣或三尖瓣閉鎖不全。
蝴蝶犬	西班牙	因長有一對蝴蝶形狀的大耳，故以此得名，毛色黑、白、紅相間，與臉部左右對稱。	個性非常溫和，而且熱情，外觀見長外，意志堅強，扮起看門角色頗具大將之風。	眼瞼內翻、膝蓋骨慣性滑脫。
巴哥犬	中國	鼻塌眼凸，為其最明顯的特徵，頗為戲劇性的印象令人難忘，其毛既短且滑。	開朗，聰明，愛撒嬌為其特色，飼主以外其他人不予關心，也很少對人亂吠。	眼瞼內翻、角膜潰瘍、中暑、髖關節形成不全、異位性皮膚炎。
臘腸狗	德國	腳短身長，共分為短毛、長毛、粗毛三類。	性情溫馴又大膽，感覺敏銳，乖巧聽話。	過敏性皮膚炎、顎裂、胃炎、腸炎、甲狀腺機能低下、椎間盤突出、家族遺傳性癲癇、白內障、角膜（結膜）炎、糖尿病、腎臟病。
日本狆	日本	矮鼻，圓目為其主要面部特色，十分可愛討喜，自古被視為客廳坐前的高級寵物	無體臭，愛乾淨，個性文靜而不好狂吠，能完全信任主人，順應性極高。	眼瞼內翻、角膜潰瘍、中暑。

美國可卡犬	美國	毛柔軟而呈波浪狀，帶有豪華的魅力，毛色為黑色調、茶色調。	性情開朗溫和，愛撒嬌而表情豐富。	眼瞼內翻、甲狀腺機能低下、櫻桃眼、顎裂、青光眼、外耳炎、椎間板突出、視網膜萎縮症。
柴犬	日本	毛為雙重，上為硬毛，下為軟毛。尾巴的毛稍長。毛色有紅色、褐色。	外觀樸素可愛，具親和力。	異位性皮膚炎、脫臼。
米格魯獵兔犬	英國	短尾，由白色、黑色、褐色所組合成。	個性開朗活潑。	外耳炎、胃炎、青光眼、癲癇、椎間盤突出、副腎皮質機能亢進、肺動脈狹窄、椎間盤脫出、顎裂。
柯基犬	英國	為「矮小」的犬種，雙耳直立，瞼部無顯著的特徵，胸部寬厚，背部平坦尾短。胸部、四肢與頸部有白色。	十分強壯而有力，洋溢著活潑的氣息，並且很聰明，屬於個性爽朗的犬種。	凝血功能障礙、椎間盤突出、視網膜萎縮症。
波士頓犬	美國	短毛滑順，具有光澤，觸感纖細。體型為袖珍型，頭部、尾巴較短，毛色為花色或黑色帶白色斑。	聰明、活潑、愛玩耍，感情細微，理解能力高。	眼瞼內反、異位性皮膚炎、胸腫瘤。

巴吉度犬	法國	身長腿短，給人難忘的印象，是下垂的大耳和矮胖的模樣。毛色由白色、黑色、褐色三色所組合成。	面部表情雖然讓人覺得哀傷，但是卻性格活潑、溫厚，樂於與人親近。	下眼瞼外翻、青光眼、外耳炎、椎間板突出。
哈士奇犬	俄國	尾端有如狐狸般，毛色深。全身的被毛為雙重構造，上毛直而平順。	活潑好動、調皮搗蛋、個性外向，愛流浪。對人友善、忠誠。服從性低，相當有主見。	髖關節或肘關節結構不良、角膜營養缺乏症、視網膜萎縮症、凝血障礙。
古代牧羊犬	英國	尾巴較短。力量強大，體格緊實均衡。體長和身高大致相同。被毛較粗，豐厚密生。	性敏捷、聰明、溫和，能夠忍耐寒冷，富深厚情感且安靜乖巧，是很出色的守衛犬。有很好的守衛能力，同時也是友善忠實、沈穩的犬種。	甲狀腺疾病、視網膜萎縮症、髖關節或肘關節結構不良、胰臟炎、凝血功能障礙、搖擺病。
德國狼犬	德國	肌肉發達，雄健矯捷，體態勻稱和諧，體型適中，胸部厚，背部直，被毛豐密，眼光炯炯有神，耳長直立，前腿直挺，後腿寬厚有力。	聰明，值得信賴，非常愛玩，需大量運動，是最佳看守及守衛犬之一。個性不太友善，領域性、支配慾強，具攻擊性。訓練容易，但也具破壞性。	外耳炎、小腸細菌過度滋生症、永存性右主動脈弓、髖關節或肘關節結構不良、膿皮症、主動脈下狹窄、家族遺傳性癲癇。

秋田犬	日本	豎耳、尾巴向前捲曲，頭部大而寬，身體長度比身高稍長，肩膀強而有力，肌肉發達，胸部寬厚，背部是平的。	勇敢，易訓練，富感情，對主人忠實。	自體免疫性疾病 Akita disease（VHK）、髖關節或肘關節結構不良。
大麥町	前南斯拉夫	身體強健，肌肉壯碩，體型均勻修長。最特別的便是毛色，為白色夾黑色或肝色斑。	溫和、敏銳、善解人意。	尿道結石、異位性皮膚炎、耳聾。
黃金獵犬	英國	毛色為鮮艷且具有光澤的金色，被毛具有防水性，上毛具有彈性。	精力充沛，個性熱心、友善、喜愛人類，相當值得信任。	髖關節或肘關節結構不良、外耳炎、異位性皮膚炎、腸炎、白內障、甲狀腺機能低下、視網膜萎縮症、家族遺傳性癲癇。
拉布拉多犬	英國	毛色為黑色、巧克力色、黃色等單色。	忠實、沈著、聰明、永遠自足快樂。	髖關節或肘關節結構不良、外耳炎、異位性皮膚炎、腸炎、胃炎、白內障、眼瞼內翻、甲狀腺機能低下、糖尿病。

Finding a dog
到哪裡找狗狗

想帶一隻狗狗回家，除了到有申請寵物販賣、繁殖寄養業許可證的合格寵物店或繁殖場購買之外，當然也不一定用買的，有時在路上發現流浪的狗狗，可能也會覺得特別投緣，可能覺得很可愛，可能因為有病或受傷了。

還有，在各地的動物保護團體因惻隱之心而都有許多健康漂亮的狗，等有愛心的你來疼愛，讓牠擁有家的懷抱。

不過，不論從那個地方帶狗兒回家，依照動物保護法的規定，飼主必須是年滿十五歲的人，否則必須由法定代理人出面。

收容所

指的是全台灣各縣市的公立收容所，狗兒的來源是當地政府、動物衛生檢驗所（家畜疾病防治檢疫所）或清潔隊所捕捉的流浪狗，以及民眾棄養的家犬。

另外在動物醫院內也可認養到小狗，例如在台北市，與市政府簽約之動物醫院內，也有由動物衛生檢驗所配發到動物醫院暫時繫留的流浪犬可供民眾認養！

想領養的人可以打電話至當地的家畜疾病防治檢疫所或各縣市公所，詢問當地收容所的位置及開放時間。

動保團體

為各縣市民間所籌組的動物保護、收容團體，狗兒的來源是街頭的流浪犬，或是民眾棄養的家犬。

🐾 網路

　　許多的寵物網站或BBS寵物版都有提供狗狗送養、認養的交流園地，狗兒的來源不一，可能是需要付費的私人繁殖，亦可能是強調愛心認養的流浪狗。

🐾 寵物業者

　　為一般領有政府合格執照進行寵物繁殖買賣的商家，狗兒的來源是私人繁殖、進口。通常向具有合法繁殖買賣執照的業者購買狗兒，比較有保障。

Choosing the dog
選一隻狗狗

準備要迎接一隻狗狗回家了嗎？除非你今天挑選的是一隻待認養的流浪狗，才可能會有傷病的情形發生，否則，尤其是到寵物店，就必須要知道如何挑選一隻健康、沒有傳染疾病又與自己「對盤」的狗兒。

動作反應

狗天生富於好奇，對於任何移動的物體，或任何一絲聲響都會立即反應，看到有人招手就搖尾巴表示答應，這些均可視為性格開朗的象徵。相反的，若狗狗的性格怯懦，長夾著尾巴逃竄或隱藏在東西背後，這類個性的狗較難飼養，最好避免帶回。把狗放在地上讓牠走走、跑跑，觀察牠跑跳的姿勢，檢查牠的腳骨是不是健康。最好再花點時間觀察和同伴玩耍的情形，可以看出牠的個性。又可以觀察進食中的狗狗，看狗狗有無食慾，是否吃得津津有味來判斷健康與否。

是否健康?

檢視狗兒的健康時,有下列幾點事項須注意:

1. 眼睛清澄,目光有神,沒有血絲、淚水、分泌物。
2. 鼻尖濕潤,沒有流鼻水。
3. 耳朵乾淨,沒有深色分泌物、怪味道。
4. 耳翼邊緣沒有脫毛變厚,揉搓耳朵不會有後腳搔癢動作。

5. 毛色美麗帶有光澤,沒有異常的脫毛、皮膚紅腫。
6. 嘴巴沒有口臭,牙齦及舌頭為粉紅色。
7. 肛門清潔而乾燥,四周沒有污物。

Bringing the dog home
6 決定帶狗狗回家囉！

經過深思熟慮之後，終於肯定地要帶眼前的狗兒回家了。那麼，準備開始新生活吧！

取名

有了新狗兒之後，最重要的一件事就是幫牠取個名字。幫狗兒取名字時，這個名字最好短一點，簡潔有力又順口的。不過記得，你幫你的狗兒取的名字，將會跟著牠一生，而且你會每天用到，不論是在家裡、公園裡，或是在街上。所以，可不能隨便叫喔！

植入晶片

當你為狗兒負責，並為牠取了名字之後，接下來的動作，就是幫狗兒登記身分證—植入寵物晶片。

行政院農業委員會根據動物保護法第十九條第三項規定，在中華民國八十八年七月三十一日公布了【寵物登記管理辦法】，對於如何替寵物登記戶口及植入晶片，都有相當基本的規範。飼主幫寵物植入晶片並作寵物登記時，須注意與準備的包括：

1. 小狗出生後第四個月內要完成此項工作。
2. 飼主身分證明文件影印本。

35

3. 狂犬病預防注射證明文件或頸牌。

4. 寵物晶片頸牌成本與植入手續費三百元及登記費一千元。

5. 已節育犬隻，需有動手術之動物醫院節育手術證明文件可享有半價五百元的登記費。若向公家收容中心領養流浪犬，則享有更優惠（未結育五百元，已結育二百五十元）的登記費。

準備以上各項，向各地的家畜疾病防治所，或合格民間寵物登記站辦理寵物登記。

這個打在狗狗身上的微晶片，是裝在一個與動物組織共容的生化玻璃管中，上面註寫有辦識號碼的電腦化晶片。一個微晶片只有米粒般的大小。然後把玻璃管裝在針頭內，用皮下注射的方式，植入狗兒兩肩胛骨之間的皮下組織後，就可以體內永久留存。接著獸醫師會幫飼主作登記，並會發給飼主一張由

主管機關核定之寵物登記證。

　　因爲晶片中註寫了絕無重複的一組號碼，所以當它遇到掃瞄機所發射低能量的電磁波時，只需要百萬分之幾秒的時間，掃瞄機就會在顯示幕上出現晶片上的號碼，然後就可以根據晶片號碼找到原飼主的登記資料。

　　所以，寵物晶片提供了狗兒安全精確、簡便又經濟的永久性辨識，能保護狗狗在走失或被竊時，有一個準確的身分認定。

回家的第一天

　　當把狗狗帶回家飼養時，都需要七天的適應期，這期間都會有很多狀況，所以必須要特別注意·

　　尤其狗回家前，一定要問清楚是否已接種過預防疫苗，以及是否已經接受過腸內或體外寄生蟲的檢查或以及給予藥物驅蟲。尤其一些尚未足月的幼犬，往往尚未進行預防措施，就被抱回家。因此，若發現狗尚未進行驅蟲跟預防注射的話，最好儘快帶至動物醫院請獸醫師全身檢查，幫小狗注射疫苗以及驅蟲。

　　若是領養的狗狗，則需要從原飼主那兒知道的訊息，包括：腸內或體外寄生蟲的檢查及驅蟲、注射過哪些疫苗、過去疾病病史等紀錄，飲食的種類、分量，及餵食情況，還要知道狗狗先前的日常生活作息及過往的醫療紀錄，可以避免因飲食習慣被擾亂所造成的下痢，也有助於了解狗狗過去的健康情形。

　　當把狗狗一帶回到家，首先應準備新鮮的飲水給狗喝，然

37

後把牠放進鋪有乾淨毛巾的狗窩裡，讓牠休息，這樣就夠了。不必照顧得過火，因爲基本上小狗只要安靜即可成眠。要注意的是，當狗狗醒來時會急於撒尿，應儘速帶牠到適當地點上廁所。

又帶狗狗回家時，狗兒原來的飲食習慣應不宜立即擾亂變動。開始時須準備相同的食物或飼料餵食，然後再慢慢地以其他食物更換。

CHAPTER 2

Caring your dog

狗狗的照顧

Prepare your home
必須準備的東西

所有狗的飼養用品須在狗帶回家前準備妥當，並儘可能切合狗兒的需求將一切應用品準備齊全。

食具

擁有大小、形狀、材料不同之各種類型。一般吻部較長或耳長下垂的狗適合深底的碗，嘴短的犬種則適合淺底的食具。

項圈

40

出外時幫狗兒繫上項圈，是狗兒的一種身分表徵，也代表是有人飼養的，在以前某些特定家族也會將家族的標記放在狗頸圈上。

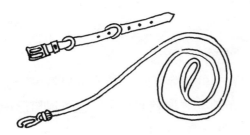

　　不過，項圈若太細，或繫得太緊，有可能會傷及狗兒的氣管、呼吸道，在幫狗狗挑選及配帶時要注意。項圈佩帶時的鬆緊程度，是以一個手指頭可以伸進即可

牽繩

　　有皮製、布製、尼龍製、白鐵等類別，還有粗細、長短的不同，可依狗兒的體型需求選擇。

胸背帶

　　胸背帶是以繞胸廓套住雙腳為主的牽繩，不影響到犬隻呼吸，戴起來也比較舒適。

　　目前大都是尼龍製，不過最近也出現義大利牛皮製的！

　　一般來說，對一些活動性強的大狗，或是短鼻犬種，如：西施、巴哥、北京狗，這幾種短鼻犬隻大都有呼吸困難毛病，馬爾濟斯、博美、約客夏、吉娃娃有氣管塌陷疾病，這類犬隻在戴項圈比較要特別注意，萬一要出門繫上牽繩時，最好是不要將牽繩繫在項圈上，避免影響犬隻呼吸，可以改用胸背帶式

41

的。另有一種為後肢牽制繩、為綁腰與後肢，與胸背帶的功能相同。

狗窩、睡舖、狗籠

一處屬於狗兒的固定天地，能為狗兒帶來安全感。市售的狗屋、狗籠、布製狗窩種類非常多，也可以自己用木頭製作狗屋！

玩具

大小合口的網球或橡皮球，還有市面上出售的狗玩具、狗骨頭。

清潔用品

有狗兒專用洗毛精、專用潤絲精、專用毛梳、專用毛刷、指甲剪等。

Where is the bed
2 準備狗狗的小窩

　　爲狗兒準備一個小窩，能提供狗兒極佳的安全感。寵物用品店或動物醫院裡擁有各種樣式、色彩的狗狗專用睡舖、狗屋、狗籠出售，非常方便飼主選購。購買時應考慮放置場所並配合下列數點謹愼的作決定：

1. 睡舖大小需考慮小狗長大後的體積
2. 結構須牢靠
3. 清掃容易

　　在睡舖的材質方面，一般市售的材質有籐製、塑膠製及布墊，在優點上也各有不同，譬如說：籐製的睡舖可以供狗兒啃咬；塑膠製的較易於清理；布墊則較輕軟、保暖。

在狗屋的材質方面，目前市售的以木質及塑膠製為主，並有各種造型供選擇。而狗籠則主要分為鐵絲籠及白鐵籠、鋼管籠，並有各種大小尺寸供挑選。

儘量安排在清靜的場所

當家中有客人來訪時，或家人吃飯、外出時做為暫時關狗之用，所以要把睡舖、狗屋或狗籠安置在少有人走動的場所，光線亦不可太強。

要留心小狗的冬日保溫

當小狗在與兄弟姊妹、母親一起生活時，不必擔心溫度不夠的問題，但從母親旁離開獨自生活時，則須考慮到為牠做好保溫措施，尤其是冬季的夜晚，不妨在睡舖裡鋪設一台保溫墊，或是加裝 60w 的燈泡加溫，手邊若臨時沒有這些東西，也可以用碎紙機的條狀紙屑或報紙撕成條狀應急，也可以達到保暖功效。

Where is the toilet

3 嗯嗯的地方

狗狗內急的時候可不會自己坐馬桶呢！所以，飼主需要訓練狗狗定點大小便。不過在此之前，飼主要先決定好位置才行。

選擇室內地點的要點

1.選擇不顯眼的地方

一般以牆邊、樓梯下的角落、陽台、廁所為多，儘量不要侵占到家人的居住空間，但如果在套房中飼養，可以考慮放置在沙發背後，或屋角等較不礙眼之處。當然，用小型屏風遮擋也是一種方法。

2. 選擇安靜的地方

　　剛出生幾個月的小狗正值好玩的階段,為使小狗安定下來大小便,應選擇聽不到外界雜音的地方安置。如:陽台、走廊的一角、浴室或室外庭園的角落,無論那一個地點都不要距離幼犬起居場所太遠。

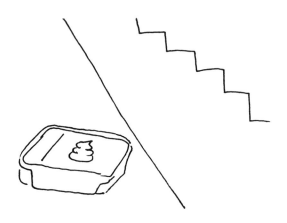

3. 選擇乾淨的地方

　　要養成每日清洗的習慣,所以最好選擇便於清洗的場所。

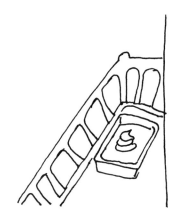

嗯嗯的地方不要隨意更換位置

　　既已決定好嗯嗯的地點，接下來就是訓練狗狗在這邊方便的習慣。不要讓狗狗再產生隨處方便的念頭，當然，固定下來之後就不能再改變，因為狗會跟隨自己的排泄物改變所有習慣，常改變會使得狗狗無所適從。

Dog's body language
了解狗狗的語言

你知道嗎？狗會用尾巴微笑呢！沒錯，除了高興、悲傷之外，狗的尾巴能傳遞各式各樣的情緒和感情。此外，狗還懂得用叫聲或肢體動作來表達自己的需求。

舉幾個簡單例子：

用尾巴表達感情

1. 不停亂搖：表示高興極了。

2. 緩慢左右搖：表示友善。

3. 向上翹，毛倒豎：表示攻擊前情緒激動。

4. 在腿間：表示膽怯、即將逃開的意思。

用叫聲表示感情

1. 短吠與長吠：短吠表示心情佳或別有用途（示意想要某件東西），長吠（像噢嗚噢嗚）表示興奮或警告。

2. 悲鳴：表示不安或寂寞，往往尾巴垂下，聲音悽涼。

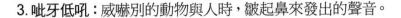

3. **呲牙低吼**：威嚇別的動物與人時，皺起鼻來發出的聲音。

用動作表示感情

1. **把身體靠過來**：為顯示友愛的表現，尾巴會隨著不停搖擺。

2. **把肚子翻過來**：表示服從和絕對的信任。

3. **垂耳縮頭**：心虛，料想會挨罵時的表現。

隨處小便的涵義

散步途中，狗如果有走幾步路就小便一次的現象，代表狗狗有著保衛勢力範圍的習性，即所謂的生物領域。若待在家中的狗狗呈現這類表現，要嚴詞糾正，讓狗狗了解，家裡的領導地位是飼主，因為狗狗是社會階級很明顯的動物。

其實目前已經有狗吠叫聲翻譯機，可以讓主人了解狗狗可能的需求。

Meeting the families

5 認識家人

　　介紹新狗兒給家人認識，是一件很重要的事。因為，從現在開始，這隻狗兒已經是你家庭中的一分子，將受到一視同仁的尊重對待。

🐾 不要刺激狗兒

　　剛接回家的狗兒，尤其是小狗，大多無法立即面對新的環境與成員，這個時候儘量不要給予刺激，先讓牠休息，在家中自由自在的玩耍嬉戲。偶爾溫柔呼喊牠的名字，並不時予予輕撫，以及和善的笑容，如此可使小狗習慣家裡的一切事物。

　　而成犬則會因為生活環境的改變，令牠感到不安全感與警戒心而變得緊張，有時甚至在飼主拿東西給牠吃的時候甩都不甩。這時不能責備狗兒，或做出無理的要求，應當循序漸進地喚牠的小名，再慢慢親近，與牠建立感情。

不要將狗兒視為玩具

集合家人寵愛的情況下，狗很容易被人視為遊戲的對象。只是小狗精力沒有成犬來得旺盛，過度的玩耍容易使牠疲勞。

不要與狗兒親密過度

抱狗也會習慣，尤其當家中有一人特別溺愛時，狗比較會不聽其他家人的話，將很容易變得驕縱任性。

認識家中其他的寵物

如果家中原本就有養狗，當有新狗兒到來時，也許會讓原來的狗兒吃醋、生氣。所以，牠們第一次的碰面相當重要，並且要給牠們時間去適應對方。

如果家中原本有養貓，飼主也不用太擔心，因為狗和貓基本上是可以和平相處的。讓貓狗首次碰面的訣竅是，可以選擇貓兒正在睡覺，或是剛睡醒的時候，因為這時的貓比較不會發出恫嚇，而讓貓狗的關係一下子緊張起來。

Walking outside

6 遛狗時間到

　　每當清晨、傍晚來臨，總能看見許多人帶著愛犬出來散步，但你是否知道，散步這種運動亦須考慮到狗的年齡、體力，給予牠適當的運動量。還有，一些帶狗散步的禮節也應注意喔！

務必要上狗繩

　　如果是出生二～三個月內的小狗，讓牠在家中、庭院中嬉戲，便能獲得很高的運動量，等到預防疫苗接種完畢，就可以正式帶出戶外散步。脖子上的項圈，初時可能會讓小狗抗拒，但不必擔心，久了狗狗自然會習慣。但是當狗出門玩時，要讓牠們學習活動範圍不得超越牽繩的長度。

　　有些狗在最初會因為對環境的陌生，而害怕發抖、不肯前進，此時主人不可硬拉，應溫柔地不斷呼喚牠的名字，或將牠抱起，來幫助狗兒熟悉環境。須謹記，不管性情多溫馴的狗，出門一定要繫上牽繩，這是飼主最低限度應負的義務。

　　因為可以避免不必要的糾紛，例如：狗未牽繩任其自由亂跑，導致交通事故或是咬傷他人，這都是畜主需擔負過失，甚至還可能吃上官司！

運動量要適合年齡與犬種

　　狗在精神不足的狀況下，體內新陳代謝會減少，除健康受到影響外，也將成為肥胖與精神壓抑的導因。應就狗狗的身體狀況，來調適運動標準。

　　1. **超小型犬**：早晚兩次，各十到二十分鐘左右。

　　2. **小型犬**：早晚兩次，各二十到三十分鐘左右（幼犬做到八成即可）。

3. **中型犬**：早晚兩次，三十分鐘以上。

4. **大型犬**：早晚兩次，一個小時左右。

時間應隨季節、氣候而改變

一般遛狗都是在晨間或是在傍晚，但也有隨季節、氣候改變的必要。像冬日裡散步，就應該選擇溫度較高的中午，特別寒冷的日子則應停止。另外，強風、下雨的日子，也應避免帶狗出去散步。夏日遛狗應選擇涼爽的上午時刻，尤其中午時不要讓狗走在滾燙的柏油路上。

處理糞便要徹底

散步禮節中最重要的就是寵物糞便的處理，讓狗在別人家裡或街道上任意大小便是很不道德的事。所以，排泄物即使留在路邊，也應主動做清理工作，只要在出門時攜帶少量的衛生紙、報紙、塑膠袋即可解決問題，並丟至垃圾桶。

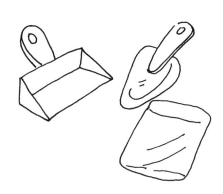

CHAPTER 3

Feeding your dog

狗狗的
飲食
與營養

Dietary needs
1 狗狗的營養要素

以動物性蛋白為主

狗為雜食性動物，凡是人吃的東西牠都想吃，但是本性還是以肉食傾向較濃。所以還是多以含有動物性蛋白質的食物餵食較為理想，特別是正當發育階段的幼犬，大約每一公斤每天須補充 8-9 克的蛋白質。

動物性蛋白攝食的方法很多，如牛肉、魚肉、雞肉、雞蛋、牛肝或雞肝、牛奶等都還有這項成分。但一般來說，以魚肉所含蛋白質最豐，應儘量多替小狗餵食。

僅次於蛋白質的營養素為脂肪，幼犬需要成犬的二倍，肉類及乳製品仍然是幼犬成長所需脂肪不可缺少的獲取來源，但注意魚肉水煮過比較安全。

提供充分的維他命

維他命是影響體力、新陳代謝的重要因素。健康的狗能在體內合成維他命 C，但其他含維他命 A、B_1、B_2、B_6、D 等的食品就需要靠飼主餵食補充。因此在替狗安排三餐的時候，即應將這類食品列入菜單。將牛肝、鷄肝、鷄蛋、牛奶、乳製品，搭配混合在牠的食物中，問題是狗兒可能不喜歡吃這些食物，所以初時應摻混一些平時牠愛吃的食物，讓狗兒吃下，這樣才不致造成影養偏差，或有維他命缺乏的情形。

不宜餵食的食品

狗兒看到家人在餐桌前啃著大魚大肉和好吃的點心時，也會嘴饞想吃，但為考慮到牠的健康，除正餐外一切食物應拒絕狗兒的乞食，下述食品由應該收藏好：

1. 剛從冷凍庫拿出的魚肉、牛奶（容易引起下痢）。
2. 魷魚、章魚、貝類、蝦子、螃蟹等海鮮類（不易消化）。
3. 鷄骨或魚骨（有時會引致腸出血）。
4. 甜點蜜餞類（會成為蛀牙和肥胖的主因）。
5. 刺激性強的辛香料。
6. 鹽分高的食物。

57

Correct needs
每天餵食的次數與分量

一天餵食的次數

出生三個月前的幼犬，因消化機能尚未健全，應少量多餐，一天分四次餵食。三個月過後，可減少為早、午、晚三次，並儘量餵食易消化營養均衡的食物。一歲左右時，因骨骼發育完成，只要一天餵兩次以足夠。

食量因犬種體重而有差異

關於狗兒一次進食的分量，依照正常的計算方法。狗兒一日之所需熱量應是每公斤攝取 150 千卡，體重 10 公斤就要攝取 150 千卡的熱量。替狗拌食時可以此為標準，又幼犬的食物要講求容易消化，然後隨著年齡成長，再慢慢餵食乾燥固態的食物，供作磨牙之用。

如何在每餐之後到下一餐之前，讓狗兒產生空腹感是很重要的訣竅，最主要的是不要讓牠吃太多零食，以免導致狗兒產生偏食的習慣。

【例：一天的餵食】

出生後 3～6 個月（體重 1.5kg～2kg）一天份 216.2kcal

	食物名	重　量	蛋白質	脂　肪	熱　量
早	幼犬用餅乾	20g	1.4g	—	23kcal
	寵物牛奶	20ml	0.6g	0.7g	13kcal
	牛肝	10g	2.0g	0.4g	13kcal
	但黃（1/4 個）	5g	0.8g	0.2g	18kcal
午	狗食（幼犬用）	30g	9.5g	3.9g	117kcal
	雞骨湯	20ml	0.3g	—	1.5kcal
	脫脂奶粉	10g	0.3g	0.01	3.2kcal
	牛腿肉（去脂）	10g	2.2g	0.5	14kcal
晚	幼犬用餅乾	20g	1.4g	—	23kcal
	寵物牛奶	30g	0.9g	11.05g	19.5kcal
	雞肉	10g	2.4g	0.2g	12kcal
	鬆軟白色乾酪	4g	0.5g	0.2g	4kcal

出生後 6～12 個月（體重 2.5kg～3kg）一天份 479kcal

	食物名	重　量	蛋白質	脂　肪	熱　量
早	狗食（小型犬用）	60g	16.2g	4.2g	215kcal
	寵物牛奶	40ml	1.2g	1.4g	26kcal
	奶油	4g	—	3.2g	30kcal
晚	麵包（1/2 片）	30g	2.5g	1g	76kcal
	寵物牛奶	40ml	1.2g	1.4g	26kcal
	牛肝	50g	9.8g	1.9g	66kcal
	半熟雞蛋（1/2 個）	20g	3.5g	2.5g	40kcal

注意營養均衡

把一隻幼犬扶養為成犬，必須供應牠每日需消耗的熱量，並設法維護三大營養素的攝取均衡，即保持動物性蛋白質 30-35％、脂肪 15-20％、碳水化合物 50％的比例。特別是成長中的幼犬，每公斤的需求量要比成犬高出許多，所以在食物方面絕不可偷工減料。

毛質為健康準繩

食物的內容往往對狗狗的身體健康影響極大，觀察毛色是最直接的方法之一。毛若失去光澤，變得粗澀乾燥時，就可以證明身體的狀況不佳，有必要針對食物內容加以調整。比如說，當鈣質不足時，往往因為是偏食肉類所造成的，會對骨骼發育造成妨礙。所以，要防止類似的營養障礙發生，可在每日菜單中加入牛奶、乾酪等鈣質含量豐富的食品。而且，當鈣質攝取過多時會排出體外，所以一定要按時定食定量。

幼犬的餵食

剛滿月的小狗，可以將幼犬飼料連同泡開的寵物奶粉（40毫升）一起煮熱，再加鈣粉（2公克）給予餵食，一天兩次，中間再餵兩次寵物奶粉（50毫升）。這屬於斷奶食譜的一個例子，持續餵食一至二個星期左右，便可酌量加入蛋黃及肝臟類

食物。其餘像維他命 A、D 和礦物質，也可以用同樣方式餵食，不過，應針對需要使用。

50 毫升／1 天╳ 2 次

老狗的餵食

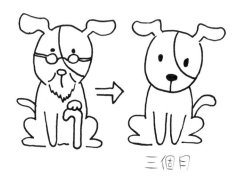

三個月

應恢復到出生三個月時的飲食習慣，將易消化、營養價值高的食品先熱過後，再予以餵食，亦可採用老狗的專用飼料。此外，由於運動量大為減少，有時狗狗甚至完全沒有食慾，飼主不需要勉強餵食，但一定要為牠準備足夠的新鮮飲水。

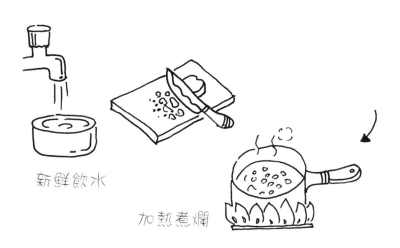

新鮮飲水

加熱煮爛

Dog foods

3 飼　料

🐾 飼料狗食的種類

　　市面上有適合各種年齡、針對各種生理狀況的狗飼料出售，不但方便飼主選購，且餵食狗狗時相當簡單。

　　狗狗飼料的形式可分為下列兩種：

1. **乾型**：顆粒狀，堅硬。
2. **軟型**：固狀，但含 25%水分，一般採罐裝。

飼料狗食的特徵

方便是它們最大特色，而且，在飼料廠商營養獸醫師的把關下，營養素的含量多能均衡，甚至在味道和形狀上求變化。雖然保存的方法隨形態不同而有所不同，但對於忙碌的現代人來說，能節約時間，省去為狗兒調理的麻煩。

餵食時應注意的事項：

1. 需選擇由獸醫師推薦的優良廠商所生產的飼料。
2. 不要餵食不新鮮的飼料給狗兒。
3. 不要只餵食罐頭飼料。
4. 隨時準備新鮮乾淨的飲水。
5. 不要餵狗兒吃貓飼料。
6. 不要餵食過冷或過熱的食物。
7. 注意不要讓狗兒餵食過量。

Feeding habits
④ 狗狗的飲食習慣

🐾 從「等一下、好了」開始

　　餵食的地點最好都在同一地方進行，把裝滿食物的食具放在狗的面前，說「等一下」，若狗不聽，臉還一直湊過來想吃，要把牠強行推開，重複說「等一下」並觀察牠的表現，直到狗兒完全服從為止。

等一下！

　　狗對食物的本能十分頑強，讓牠等一下不能拖太長的時間，一般來說，發出「等一下」的命令後，到下一次命令「好了」發出之間，儘量不要超過十秒鐘。當狗兒開始吃之後，就不能再去打擾牠，甚至跟牠說話，摸摸牠的毛都不行。要等到

狗兒把食物吃乾淨，便可以把食具拿開，洗乾淨擦乾，擺在狗看不到的地方。

邊低吼邊吃時

　　狗狗大半都有「護食現象」，有些狗吃飯時不喜歡被人盯著看，每當有人在看牠吃飯時，就會皺起鼻頭，呲牙裂嘴喉間發出「嗯..」的低吟聲音。這時候，如用手伸過去拿碗或是摸牠，都可能會被攻擊咬傷，因為牠可能是在擔心食物被一旁「虎視眈眈」的你搶走。所以，當發現狗兒有類似這樣的習性時，應早日加以糾正。

糾正狗兒時，建議用捲成的報紙，當發現牠顯現出這種意向，便喝道「不行！」，並將捲筒報紙或空寶特瓶在其嘴邊揮幾下，示意再如此的話就要打下去，讓牠明白狀況。

有食物吃剩時

當碗中的食物有剩下時，可能有兩種情形：

1. 一次放太多食物，吃不完。

2. 不知飢餓的滋味，會挑食。

如為 1.的情況，只要調整一次餵食的分量即可。但如果是 2.的情況，即所謂的偏食，唯一的辦法就是將吃剩下的食物分成少量餵食，若還是不吃，10 分鐘後就直接把碗收起來，讓牠喝清水就好，必須等到下一次用餐時間，才再把碗與食物放回，讓狗兒養成固定時間用餐是必要的，雖然說必須注意狗狗的飲食均衡，但狗狗偏食的習慣一日不改，就永遠沒辦法達成均衡的目的。所以囉！為了狗狗好，飼主還是要果決一點才是。

不要養成乞食的習慣

　　在餵食狗狗，原則上最好在家人吃飯前先把狗狗餵飽肚子，因為讓狗餓著肚子看著家人圍在餐桌吃得津津有味，是相當不人道的事。但還是有許多狗在吃飽後依然嘴饞，當家人在餐桌上吃飯時，牠就在餐桌下繞著桌腳要東西吃，有時甚至還趴到桌面上來。這時飼主一定要嚴厲的喝阻牠，趴上來的腳應拍下去，不能讓牠得逞。像「僅此一次」、「下不為例」的行為更是忌諱，因為讓狗兒嚐一次甜頭必定引來後患無窮。

CHAPTER 4

Training your dog

狗狗的
巧妙訓練

Training tactics
1 訓練的技巧與時機

耐心與親撫為訓練基礎

　　小狗剛帶回家與家人面對面作第一次接觸時，先不要貿然展開訓練。剛開始時只要多親撫狗狗，與狗兒建立親情，加強與狗兒之間的交流。

訓練時機應趁早

　　照理說，出生後 2～3 個月的幼犬是最適合訓練的年齡。狗打從出生就開始過本能式的生活，大約有 20 天的時間，牠們只是待在母親身邊吃奶、睡覺和玩耍。等到一個月過後，牠們才對周遭事物產生好奇。而 2～3 個月後，牠們已經培養出相當的智慧，並開始獨立。

錯過時機之後

由於任何一種訓練都需要執行才能成功，耐心地教導牠合理的行為，不要讓狗兒養成壞習慣之後，才驚覺事態嚴重，再來想大事整頓、力挽狂瀾，這樣不僅會讓飼主大感吃力，對狗兒來說也加倍痛苦。

一致的訓練方式

教導狗狗吃飯、散步、上廁所等日常訓練時，應全家人協力完成，同時全家人的態度要相同，不要讓那個人有特別溺愛或特別冷淡的情形出現，家人間與人狗間的溝通越早，狗對主人的信賴也會更加穩固。

在對狗兒說「來」、「坐下」之時，應採用高度的命令口氣，因為即使是理解力強的狗，偶爾也會有反抗的舉動，此時若用命令的口氣喝斥，會使狗兒產生反射性的服從行為，縮短牠猶豫的時間。

訓練方式與全家商量

訓練可運用語言與暗號（手勢或身體動作）、各種方式。重點在於，當決定開始訓練狗狗後，全家必須統一執行，像「來」、「過來」、「拿過來」等皆可作爲命令式的指示動作，但狗往往需要一段時間來記憶，所以敎導時飼主要很有耐心。

每天反覆練習

1. 在完全記住一件事之前，不教其他動作。

2. 必須每日重複。

3. 不能因為狗記性差而施加責罵、體罰。

遵守上述三要點，假以時日，牠一定能被訓練成負責聽話的好狗的。

Praise & Punish
② 責備與讚美

 巧妙的讚美

　　對狗讚美的時候，聲調要柔和，同時一邊撫摸狗兒的頭部。尤其是剛出生不久約三個月的小狗，可儘量甚至誇張的讚美。

高明的責備

　　狗在惡作劇或做錯事時，一定要出言責罵。甚至在責罵時以姿勢配合，達到的效果更高。若狗兒還不肯聽話，必要時仍可施以體罰，那體罰的方法是建議把報紙、雜誌捲成圓柱狀或是用空寶特瓶，在狗四周圍敲打出激烈的聲音，目的在嚇狗並非在打狗。只是需牢記在狗的頭部、胸部、尾部、腳尖、脊椎，直接體罰容易導致反擊。所以平常只要虛張聲勢，予以威嚇，飼主把權威性獲得狗的認同後，便可以收效。

Toliet training
3 訓練狗狗上廁所

　　訓練狗狗上廁所，必須從迎接小狗回來的這一天就開始。訓練時間因犬的記性而異，快的也許一、兩天，慢的也許一、兩週或更長，但一定要有耐性的教到學會為止。不可以因為怕麻煩而乾脆將小狗關在籠子裡，這樣牠就永遠也學不會如廁禮儀了。

訓練的訣竅

　　要事先讓狗狗知道何處可以上廁所，並規定一定要在該處方便。在此之前，需先認識狗兒的生理習慣，包括：

　　•玩鬧一陣後能睡得很甜，但往往一覺睡醒就要小便。

　　•吃完飯後不久就需要排便，發現狗兒心神不寧的在屋內亂繞時，就要格外注意。

　　開始訓練狗兒上廁所時，每當發生類似的情況，便要立即帶往上廁所的地方，因為稍微大意都有可能讓狗兒在不該方便的地方方便。當狗兒到適當的地點方便過後，應拍拍牠的頭，讚許牠的行為正確。相反的，牠若在不適當的地方方便時，飼主應喝斥「不乖」、「不行」，並配合強烈的手勢表示對其行為的不滿。

　　飼主也可培養狗兒在散步途中上廁所的習慣。若讓狗兒養成定時帶出散步的習慣，久而久之，牠自然能忍耐至那個時

間，但是不要忘了，當狗兒在戶外排泄後，飼主須負責做好善後處理的動作，不要把髒亂留下。

犯錯時的處罰

當狗兒在不該方便的地方方便時，應把牠押解到作案現場，以手指著該處以嚴厲的口氣告訴牠「不可以」。當狗兒被罵過二、三次後，牠就能明白這是對自己做錯事後的懲罰，下次便不敢再犯。

　　這種訓練倘若錯過時機，則不論主人如何責罵都沒有用，因為狗不能明白挨罵的理由。還有，狗狗在興奮時就會想撒尿，特別是有客人來訪的時候，此時此刻，也應把狗兒押至肇事現場，加以指責。

　　但是若發現狗兒經常性的興奮遺尿，還是得帶至動物醫院給獸醫師診治！

Back to craft
④ 訓練狗狗回小窩

🐾 何時將狗放出去

平日時，我們該多讓寵物在室內室外走動玩耍，可是臨當下列幾種狀況時，不能任狗兒過於隨便：

1. 家裡有不喜歡狗的客人來訪時。
2. 家人在吃飯時（這項由主人家庭生活習慣自行決定）。
3. 沒有人在家時。
4. 施予處罰時。

「進窩」的訓練

第一步，打開籠門，做出叫狗進去的手勢，然後命令「進去」，當然，在開始的時候幾乎沒有一隻狗肯輕易就範，必須一而再、再而三地推牠進去，不能隨意心軟而放棄。最主要的，當飼主在關起籠門時應立即離開，免得引起狗兒不斷哀鳴慘叫，令人不忍。

狗若肯乖乖進入犬舍，放出時應當予以讚美，如此訓練到習慣之後，以後只要聽到「進去」的命令，狗便懂得應聲入內。

When visitor comes

5 當家中有客人

向客人狂吠時

狗狗雖然會看家，但是家裡有訪客時，不能任狗一直狂吠，甚至不小心咬傷客人，這會非常失禮。怕狗的人不談，即使是不怕狗的人，對於有狗在旁一直叫個不停也會心煩。這是飼主應負起教養的責任，命令狗不准叫，並且可以的話，儘量在幼犬階段完成訓練。

　　不過，這種訓練仍要視情況與犬種決定，因爲有時候狗吠是爲了表示歡迎，有些狗像拉不拉多黃金獵犬個性溫和親近人，並沒有惡意，所以無論狗吠表示友善還是敵意都予以責罵的話，可能將導致「你好－我不好」的障礙，令狗終生膽怯不安。

🐾 不讓狗與客人同處

　　當與客人談重要事情，最怕有狗在旁邊吵鬧，爲顯示狗的教養，應從小訓練，除非主人允許，禁止狗進入客廳，與客人平起平坐，方法是，一發現狗有進入廳內的意圖，便出聲喝阻。倘若不肯安靜，就用捲成筒狀的報紙、空寶特瓶拍打地面或施予威嚇，或捏住牠的後頸，一面罵「不乖」、「不可以」，一面強行拖出屋外。來回幾次，漸漸讓狗了解習慣！

Training outside

6 外出訓練

使狗習慣狗鍊

帶狗出去散步，無論如何皆應為牠帶上狗鍊。在剛開始訓練的時候，狗兒一定會抗拒，或設法掙脫狗鍊。但是只要讓狗兒慢慢習慣後，情況就能穩定下來。

當狗在路上遇到狀況，因緊張不住發抖或立地不動，此時應把狗抱著走，慢慢讓其習慣外面環境。

腳邊行進的訓練

帶狗出門最怕狗橫衝直撞，即使繫上狗繩，路上也常見到主人被狗拖行的畫面，這都是可以改善的，當狗習慣出外散步後，應同時訓練牠正確的隨行步法，亦即讓狗兒亦步亦趨隨行在主人的側邊。若以左側為例：

1. 首先，飼主拍打左腿，使狗立於左側。
2. 然後開始抬腳走路。
3. 一邊走一邊呼喊狗名，令其專心跟隨。

每呼喊一次名字，狗就會抬頭往上看，自然而然能呈現出抬頭挺胸的姿勢。

像旁人或狗吠叫時

　　狗對身旁陌生的事物往往也會不懷好意的亂吠一通，令對方不快，此時為防止對方採取反擊的措施，應馬上叫牠停止，或拉緊狗鍊給予警惕。如對方的狗頗具攻擊性，要當機立斷，對方若無牽繩，立即馬上帶狗逃開；對方狗兒有牽繩繫著，趕快從對方身邊繞過，以求平安無事。

亂吃路邊的東西時

撿路邊的食物的行為應嚴加禁止，當發現狗兒顯露出張嘴想吃的意圖時，應立即喝止。萬一已經含在口中，從狗兒的嘴邊上下顎關節處，雙側扣住使其嘴無法閉合，趕緊清出嘴裡東西。

禁食路邊雜草

狗有習慣跳進草叢吃草的習慣，但一般路邊的雜草上可能附著有寄生蟲卵、病菌等致病因子，或是有病犬曾經排泄或排遺在此處，甚至因為植物含有對狗毒性的生物鹼，讓狗兒吃下後可能會造成輕者引起強烈嘔吐、感染寄生蟲；重者引起腸胃方面的疾病，甚至感染惡性傳染病，所以千萬不可以讓狗隨意去吃路邊花草。

85

步伐落後太多時

　　帶狗出外散步時，有些狗兒會拉著主人不斷地往前衝，有些狗則是被動到要有主人拉才會走。如果發生後面這種情形，應視為狗兒性格膽小的表現，不是壞事，所以不能加以責罵，只能慢慢加以開導，使用會發出聲音的玩具，或是喜愛的食物，在前方晃動，口裡說著「來！往前走！」，因為對這種膽小的狗來說，鼓勵是最好的方法。

另外，比較特別的是感染犬心絲虫或是先天有心臟疾病的狗，也可能有不太願意走動的情況，也請帶至動物醫院檢查！

上下樓的運動

狗生來就有懼高的現象，爬樓梯的舉動會令牠裹足不前。因此，你可以這樣做：

1. 飼主先上一、二階，然後站在那兒輕柔呼喚狗名。
2. 狗跟上來時出言表示讚許。
3. 飼主再上二、三階，重複同樣的動作。

相對的，當教導狗兒下樓梯時，也應該從低處開始訓練，重複數次後再帶往高處。

87

若發現已經五個月大幼犬始終教不會上下樓梯，或步履蹣跚就有可能是遺傳的骨骼關節毛病，請帶至動物醫院做 x-ray 檢查，這在拉不拉多與黃金獵犬的幼犬是比較常發現的！

7 防止養成壞習慣

Correcting bad habits

亂咬東西時

　　幼犬每當在開始長牙的階段，都會產生想找東西又咬又扯的傾向，一方面是因為牙根處發癢，一方面也是因為小狗貪玩。但是，如果咬到電器類製品，或電線的話可能致命；咬到高價木製家具又將會破壞觀瞻，因此有禁止的必要。

　　當看見狗狗啣著拖鞋等物品準備啃噬時，應喝叫「不可以」，然後拿其他玩具物品取代牠啣在口中的物品，才准許牠繼續咬的動作。

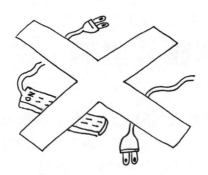

🐾 常往外跑時

養在室內的狗狗跑出戶外後，若沒有注意，很容易發生迷路、誘拐或交通事故。所以除非有主人在旁，否則不准隨意外出。

Learning 'Sit'
訓練「坐下」

「坐下，是讓狗恢復自然坐姿的命令語，教導的方法為：

1. 首先，套上項圈及狗鍊，讓狗立於你的左側。

2. 一手抓著縮短的狗鍊，輕輕往上提，另一手按住狗的臀部，發出聲音「坐下」，命令牠坐下，直到坐下為止。

3. 坐下後出聲讚許牠的乖巧，並輕撫狗狗。在澳洲訓練師會採用一種狗食用的類似巧克力口味的小點心，作為獎賞。

4. 狗兒若想站起來，就重新命令牠坐下，直到牠完全領會為止。

　　命令語氣可強可弱，視情況而定，如果是反應遲鈍的狗，以強硬的語氣較佳。要注意的是，命令狗坐下時的時間不可太久或至厭倦。也可以巧妙的運用餵食時間，通常練習個二、三次後，狗就能適應的很好。當狗完全記住「坐下」這個指令，即使取下項圈後，牠也清楚知道應當如何服從命令。

Learning 'Stay'
9 訓練「等一下」

　　這個訓練可以看得出每一隻狗的穩定度,「等一下」此為讓狗安靜坐在某處的命令語,同時亦為其他訓練的基礎,可用於配合各式各樣的訓練動作。本來,這個指令是靠手勢與命令語氣加以執行,但若考慮選擇餵食時間訓練,成果必然更加迅速。

等一下!!

　　1.先套上項圈及狗鍊,飼主左手持鍊,讓狗兒在正對面半公尺處坐好。

　　2.飼主右掌朝向狗,命令「等一下」。在餵食時間內,可配合將狗碗放在狗兒面前。

　　3.保持同姿,飼主稍微退後。

4.剛開始時，狗若立刻趨前就食，就立刻縮緊狗鍊並警告牠，即一面命令牠不可接近食物，一面再三地重複說「等一下」。

當狗肯乖乖聽話，才讓牠吃飯。如不是利用餵食時間訓練，就改用撫摸狗兒的頭背做為獎勵。等待的時間稍微拉長一點沒關係，可藉機訓練狗的耐性。

還有一種方法，是先命令「坐下」，然後命令「等一下」，並用手勢阻止狗站起來，然後逐漸放長狗鍊試驗，直到不使用狗鍊時，狗也會聽話為止。

拉長距離

Learning 'Good'
10 訓練「好」

　　此命令應與「等一下」配合訓練。當狗聽到「等一下」的命令而靜止之後，必須以另一道指令「好」來解除前一道指令，還狗自由。

　　可用於餵食的訓練，方式如下：

　　1. 當狗服從命令在一旁等待時，在一段時間後出聲說「好」，讓狗兒行動自由。

　　2. 狗若在「好」的命令尚未發出之前站起，並接近食碗，應用手擋住，大聲說「等一下」。

　　3. 讓狗再度坐下，觀察一段時間後，才再次下達「好」的命令。

　　4. 若聽到命令後，狗仍坐著不動時，可以把食物挪前一點再命令一次「好」。若沒有利用食物的情況下，可以把狗鍊輕往前拉。

　　「好」由於對狗來說是快樂的、是獲得解脫的語言，所以要狗兒學會其實不難，只要找時間多練習幾遍，牠就能馬上學會。

等一下！

好！

Learning 'No'
訓練「不可以」

　　狗狗的表情與動作實在十分可愛，往往叫人無法狠下心來嚴加管教，造成縱容過度，讓狗養成不少壞習慣。那麼，既然承認牠為家中的一員，就應該像對家人一般地對待牠，從一開始就進行管教。

　　通常狗狗有幾種行為，是必須加以責罵的：

1. 在不適當的地方排尿排便。
2. 在餐桌旁要東西吃。
3. 毫無來由的亂吠叫。

　　一旦發現有上述情形發生時，應立即喝道「不行」、「不可以」。狗若不聽從命令，依然故我，可以捲起雜誌或報紙拍打地面施以威嚇。要注意的是，責備必須在當時的現場進行，若在事後補行責備，會讓狗覺得莫名其妙，不明白為何受罰，當然責備的效果也會不佳。

　　在眾多的命令句當中，唯獨「不行」、「不可以」有時效性的限制，因為對狗稍加縱容，可能就會錯失良機，所以飼主必須當機立斷，絕不猶豫。

12

Learning 'Come'
訓練「過來」

訓練方法如下：

1. 替狗套上狗鍊，讓狗兒在飼主面前坐下後，飼主退至狗鍊盡頭處。

2. 一手招呼狗兒，一邊命令「過來」。狗若不動，可輕拉狗鍊讓牠向前。

3. 狗若聽話走近，就充分地讚美牠。

若在下達命令前，狗已開始走近，就使用基本命令語「等一下」，讓牠留在原地不要動，再重複訓練步驟。

Learning 'Lie down'

13 ## 訓練「趴下」

「趴下」對狗而言是較難學習的一個動作。方法如下：

1. 狗套上狗鍊後，讓牠坐在地上，命令「等一下」。

2. 接著，右手掌朝下，命令「趴下」，並握持一小段狗鍊往下拉。

3. 狗若不肯趴下，只好從申命令，加強手勢或拉鍊予以警告。

通常一開始訓練時，會立即引起狗兒的不滿，甚至身體往後仰，抵死不從。這時不宜與牠正面衝突，最好的方法是過去握住狗兒的前腳，幫助牠趴下，並讓牠明白這動作才是命令所謂的「趴下」。然後多教導過幾遍，狗兒自然就會做了。

Learning 'Shake hand'

14 訓練「握手」

訓練時，若搭配狗愛吃的食物更容易記住：

1. 命令狗在自己對面坐下，邊說「握手」，邊將牠的前腳往上提。

2. 把狗狗的腳放在手上，說二至三聲「握手」，持續這個狀況一段時間。

3. 把腳放下，給予獎勵後再反覆命令作同樣的動作。

換手的動作，留待握手學會後再教，可說「換手」的命令，將狗兒的另外一隻腳抬起，若狗不懂，飼主可以用手輔助。持續一段時間後，讓狗兒把腳放下，並給予獎勵。

「握手」及「換手」這兩種動作都很簡單，尤其經過略加訓練過，以後只要有人把手伸過去，狗兒便會很自然地將腳抬起來，做出「握手」的動作。

Learning 'Stand up'
訓練「站起來」

訓練方法如下：

1. 首先命狗在飼主的對面坐下，把餅乾、肉片等食物放在頭頂上方約 10～15 公分的距離。

2. 狗站起來時，讓牠維持站立的姿勢就食。

3. 當狗有過一次經驗後，以後只要依站立餵食的要領，讓牠持續練習即可。

4. 讓狗習慣後，再慢慢延長站立的時間。

每隻狗狗的天賦不同，有擅於保持身體平衡的，也有不擅長的。所以站立餵食的高度與時間應適度調節。還有，訓練時的餵食量也應逐次減少，以免零嘴吃多了而影響到正餐。

若已發現有遺傳性關節骨骼毛病的犬隻，像黃金獵犬、拉不拉多、臘腸狗、巴吉度幼犬就要特別注意，儘量少做此動作！

Learning 'Heel'
16　訓練「轉圈」

　　當狗兒學會用後腳站立之後，可以進一步繼續訓練牠「轉身」的動作。「轉圈」可以算是站起來的延伸動作。不過，由於狗的背脊和後腳不易達成直角，所以想平衡很困難，但基本上只要站立的動作能夠訓練成功，那麼接下來「轉圈」的動作應不難達成：

　　1. 將少量食物拿在手上，給狗看看。

　　2. 讓狗站高，成為「站起來」的姿勢。

　　3. 拿食物的手在狗頭頂上方畫圓，要小心，畫的圓如果太大，會使狗狗身體難以保持平衡。

　　4. 狗兒如果能站起來轉半圈以上，大大給予讚美及鼓勵。

　　若每天都耐心訓練，往後狗只需看見飼主將手舉起，口裡喊著「轉圈」，就知道用後腳撐住身體轉圈圈了。

CHAPTER 5

Cleaning your dog

狗狗的
梳理與清潔

Grooming equipment
 梳理的互具

　　幫狗兒梳理的用具種類相當的多,以下為幾種家庭常用的:

　　1. **排梳**:為金屬製的犬用毛梳,分粗目、細目兩種。

　　2. **針梳**:在橡皮墊上布滿針釘,用於短毛犬的梳理。

　　3. **獸毛刷**:使用豬鬃或馬毛為材料製成的毛刷,用於去除軟毛上附著的灰塵。

　　4. **木柄梳**:亦為金屬毛刷的一種,分為軟式與硬式,用於去除多餘雜毛。

　　5. **電剪**:為剃毛的專用工具。

　　6. **吹風機**:一般家用的即可。

　　7. **耳鉗夾**:用於拔除耳內雜毛,可以用鑷子取代。

　　8. **指甲剪**:以專用的狗指甲剪較為安全方便。

　　9. **護毛紙**:主要用於包毛。

　　10. **絲帶**:供犬隻裝飾使用。

排梳

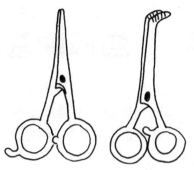

耳鉗夾

針梳

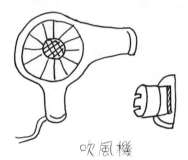

吹風機

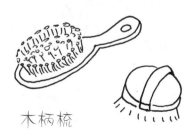

木柄梳

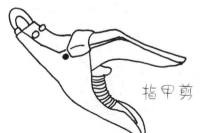

指甲剪

Why groom your dog
② 為何需要梳理

　　幫狗兒梳理不單是為了替狗美容，也為了狗兒的健康著想。因為，如果長時間忽略梳理的動作，狗狗可能會發生一些不良的狀況：

1. 皮膚乾燥，皮屑日益增多。
2. 長毛的狗兒，毛有被污染、出油或結塊的情形發生。
3. 血液循環惡化，導致各種皮膚病產生。
4. 食慾不振，體能每下愈況。
5. 有跳蚤或蜱蝨寄生叮咬。

　　所以，幫狗兒梳理可以幫牠保持清潔。

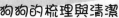

Grooming your dog
3 梳毛的方法

　　梳毛可以讓狗兒保持健康及美妙的姿態，是梳理的最基本步驟。每天至少要為狗兒做一遍，使用的工具則以針刷與木柄梳為主。

決定梳理的場所

　　幫狗兒的梳理過程可以在陽台、浴室或自己的腿上進行。對於一些狗兒而言，由於一些梳理的過程足以考驗狗兒的耐心與毅力，因此可以儘量在同一場所進行，儘量不要任憑心情好壞隨意改變場所。所以，也應該像訓練一般，早日讓狗養成習慣。

　　可以為狗兒找一塊平坦的地方，只要高度能夠讓飼主輕鬆地幫狗兒梳理，寬度不致讓狗兒站不住或滑下來，就可以開始動手囉！

讓狗兒習慣梳理

　　開始時，可以把狗放在桌上、台上，先與牠玩耍一陣子，並出言表示讚許。有些狗兒在一上桌子後就會害怕發抖，飼主必須多用言語或手撫摸，來給予狗兒安撫，令牠平靜，繼而習慣。除此之外，一些梳理的用具，像剪刀、梳子、毛刷等，也應趁早讓狗兒習慣。

107

　　一般而言，要想讓狗兒乖乖待著，實在非一件易事，如果在家中的話，不妨以躺姿代替立姿整理。狗最討人喜歡的地方，就是當牠一看到信賴的人接近時，就會立即翻身坦腹相向的那股傻勁，所以幫狗兒梳毛時，不妨利用牠們的這種特性，一點一點慢慢的梳，讓狗兒躺著接受。

　　使用針梳時，要順著毛的方向梳理。不過因針部細密尖銳，使用時要格外小心。

　　梳理背上的毛時，應讓狗站起來，和針梳一樣沿著毛生長的方向輕輕的刷。當梳理腹部時，可以讓狗仰臥，先順向把胸部到腹部打結的毛球一一刷開，然後逆向把多餘的雜毛刷下來。若狗兒的腳尖處有成塊毛球，可以一隻手握著腳，另一隻手慢慢將毛球解開。

梳毛能改善體質

　　用排梳梳毛，能幫助發現平日深藏在毛內的糾結情形，並把結打開之後，再用排梳整理。整理時的秘訣有：

　　1. 先用粗目的一邊將全身毛髮梳過，接著再用細目的一邊，仔細梳過一次。

　　2. 排梳經過的方向，應與毛髮生長的方向一致。

　　3. 狗兒如為長毛種，為防梳毛時會拉扯到皮毛，造成狗兒疼痛，應以拇指與食指緊夾住毛根部位，再施力梳理。

方向一致

先用粗目梳把毛梳通

用左手食指、拇指夾住

右手持梳子慢慢推往毛尖

109

Bathing your dog
4 洗澡的方法

洗澡維護皮膚身毛的清潔

有的狗兒比較好動，也就比較容易弄髒身體。這時候，必須多替牠洗幾次澡，皮、毛髮才能隨時保持清潔。一般來講，洗澡的時機可以因應環境、季節，或體質、性格的變化來決定入浴時機，即使 10 天、半個月一次也行，因為狗狗的皮膚表層與人類不同，洗得太勤反而會破壞表皮的細菌生態，而引起皮膚方面的疾病。

洗澡前的注意事項

在幫狗洗澡之前，一定要先用梳子仔細地將狗狗全身的毛刷順、把打結的毛梳開，一方面是避免被毛糾纏及梳理廢毛，否則沾水後凝結，會變成更大的毛球；一方面是檢查狗有沒有皮膚病或外傷。

水溫以手去感覺 35～37 度（微溫）為宜。地點應選在接近水源，像浴室等地隨時能有熱水供應。

洗澡的步驟

洗澡依照下列順序：

1. 沖水時讓狗適應一下水溫，站著沖，從腳、身體依序到頭部，把全身沖溼。要小心不要沖到鼻子，及避免狗狗的耳朵入水。

2. 將適量洗毛精裝進塑膠容器，用溫水稀釋 3～5 倍。當然，洗毛精也可以不加以稀釋，直接塗抹在狗毛上，但分布會較不均勻。

3. 將稀釋過的洗毛精均勻的塗抹在狗的背部，順著毛用按摩的方式，用指尖輕輕搓揉，使充分起泡，從背、頸、肩、腰、胸、腳、臀、尾巴，都要仔細清洗。要小心的是狗的腹部，腹部的皮膚很柔軟卻很易髒，可以試著用海綿來清洗。而腳底要抬起來洗。

最後是洗狗的頭部，眼睛的前面用大拇指由內往外清揉。很多狗在洗頭跟鼻子、眼睛的部分可能會害怕，狗主人可以叫著狗的名字，用海綿由頭頂向後輕輕刷洗，減少抗拒。長毛犬最好再上一道潤絲，可以讓狗狗的毛好梳理。

另外，藥用或除蚤洗毛精，必須在皮毛上留置數分鐘，等藥效發揮之後再予以清水沖洗乾淨！

4.用蓮蓬頭洗乾淨泡沫後，再用洗毛精洗一次，然後沖洗到完全沒有泡沫的殘留為止，特別是在腹部與股部之間要做多次沖洗。因為狗的皮膚敏感細緻，若有洗毛精殘留在身上，很容易導致皮膚發炎。而洗兩次是為了讓毛髮更加徹底清潔。

5.洗完澡後，為防止狗兒的長毛打結，還可以使用潤絲精來順毛，一樣是先將潤絲精稀釋後塗抹在毛髮上，輕加搓揉，再徹底清洗洗淨。

洗澡後的整理

洗澡後，讓狗自由把身上的水抖掉，然後才用大毛巾，用按壓式地順毛擦乾水分，再用逆毛擦乾、順毛擦乾交替進行的方式，可以減少吹乾的時間。此時也要將耳朵、鼻子、眼睛的水分擦乾，耳中的水分和污物則可以使用棉花棒捻拭。

使用吹風機

在毛巾擦拭之後，使用吹風機配合梳理，不但可以幫忙乾燥，還可以將打結的毛髮吹理的整潔柔順，不然狗狗容易結毛球，也容易感冒。

只是在吹風時有幾點要注意：

1. 最好從頭部開始，一面吹風，一面用針梳或木柄梳梳理毛髮。

2. 依上腹部、下腹部、前腳、後腳的順序吹乾。

3. 讓原先躺著的狗站起來，把全身的毛再梳理一次。

最後梳毛的時候若還發現有地方沒吹乾，一定要再用吹風機補吹一次。因為看似多此一舉的這個動作，在寒冷的冬季是特別需要注意的，這樣才能防止狗兒受涼。

吹乾臉附近的被毛時，要把風量調低，避免狗兒受到驚嚇，而且不要將風直接往狗臉上吹。當然也要注意吹風機不要溫度太高，也不要離狗狗太近，約距離 20～30 公分，不然狗狗會覺得太燙。

20～30cm

除了溼洗之外，還可以替狗狗乾洗，乾洗只適用於不太髒的狗狗，但是如果暫時無法使用水來洗澡的狗狗，如：冬季或梅雨季期間、懷孕期間、預防注射後、手術開刀後，也可以用乾洗粉來為牠清潔。乾洗劑是一種粉末，這種粉末可以去除毛皮上過量的油脂，讓毛皮的顏色更鮮明。使用時把乾洗粉均勻噴灑於狗狗的毛上輕輕按摩，5 分鐘之後，用梳子梳一梳，再用乾毛巾擦去毛上的粉狀剩餘物即可。

沐浴用品

說到狗狗專用的沐浴乳，這似乎太奢侈了。但是人類皮膚的酸鹼值和狗狗並不相同，儘管市面上有琳瑯滿目的沐浴乳品牌，還是留給人們使用，並不適合狗來使用。若用人用的洗髮精代替，要注意是否會對狗帶來脫毛、過敏的現象。

犬用洗毛精市面上已有出售，依功能分有：全犬種專用洗毛精、白毛犬專用洗毛精、長毛犬專用洗毛精、除蚤蝨洗毛精、各種皮膚病專用洗毛精、除臭洗毛精、抗落毛洗毛精。

Clipping your dog
修剪的方法

　　修剪也是屬於梳理的一部分，一般在臉、下腹、尾巴等部位，用推剪來修剪毛型比較方便。推剪包括電動推剪和手動推剪，現在大都採用電動推剪，因為，電動推剪比較迅速而且均勻，但是有些狗兒會無法習慣它的噪音與震動。

　　另外，用剪刀修剪，是修剪最基本的技巧之一，也是一門學問與技術，需要老師指導與長時間練習。

　　為防止修剪不均勻，手執刀剪時，勿貼近皮膚，而是隨時讓剪刀保持距離水平的習慣。

刀子與身體保持水平

一般家庭中的狗兒,只要造型清爽自然就可以了,若真的不會或沒時間自行整理,最好仍是請寵物美容店剪理。

Treating
日常清理

耳內的清理

耳內清潔是人們最常忽略的一環，但卻是嚴重關係著狗的健康。

首先是拔除耳毛，用手一根根的拔除是最安全的，耳內深處可改用耳鉗夾，秘訣是不要一次拔光，但是需連根拔起。

然後是清潔耳內，先滴入耳內清潔劑，等藥劑軟化耳垢後，再用棉花棒清潔，慢慢輕輕擦拭耳內外的污物。但因這部分最為柔軟，所以擦拭時不可太過用力。清理完後，再以乾淨的棉花棒擦拭一遍即可。

指甲的修剪

養在室內的狗兒，很少放出戶外，所以指甲極少摩擦，需靠人加以修剪。倘若任其蓄留，不但容易斷裂，在搔癢時抓傷自己的身體，也同時影響狗兒腳爪的抓地力與行走能力，甚至指甲過長繞圈反扎到肉墊裡，因而發炎化膿，疼痛不能行走例子也很多。

可以選用犬類專用的指甲剪，只是要注意，修剪時不要剪得太短。若剪得太短，可能會傷及血管導致流血。所以修剪前宜仔細觀察，尤其血管色深，可以透過白色指甲明顯看出而小心避免，不過，黑色指甲除外。

還有，剛幫狗兒洗完澡後最適合修剪，因為這時的指甲比較柔軟。

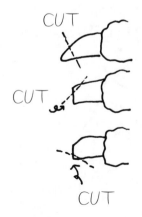

眼部的清理

眼睛周圍被淚水沾濕部分倘若置之不理，日子一久極可能會導致局部眼皮紅腫，嚴重時，有毛髮糾結的皮膚甚至會發炎糜爛，散發惡臭。

健康犬隻，幾乎沒有眼垢，大眼短鼻犬種比較容易發生眼睛分泌物過多現象，或是耳朵或眼睛有感染，才會有大量眼睛分泌物出現，有眼垢或看來淚眼朦朧時，要用溫水清理，先將手洗乾淨，然後將濕毛巾沾上溫水擦拭不潔處；或是用生理食鹽水處理，尤其在眼睛分泌物過多沾黏時，可改用生理食鹽水輕輕沖洗擦拭，擦拭完畢再點予獸醫師提供的眼藥水或藥膏即可，千萬不可隨意購買眼藥水自行治療。

牙齒的清潔

基本上，狗類的牙齒非常強健，很少有蛀牙的狀況發生。但是有時候，因為形成牙菌斑，柔軟的食物殘渣會留在牙齒上面，形成牙結石，容易發展出牙周病、齒槽膿漏、脫齒等問題，飼主要多加注意。

所以飼主可以自行幫狗兒刷牙，除了固定使用市售的狗牙膏或給予具有清潔牙齒飼料之外，每七至十天，飼主可以用紗布纏在手上，輕輕摩擦牙齒上方到牙肉的部分，來清除齒垢。若有無法清除的牙結石，並造成口腔衛生的影響，就必須送至獸醫院請專人處理。

其他項目的整理

肛門腺是一個位於肛門周圍的腺體構造，在狗而言是一種退行性器官，位於肛門周圍 4 點鐘及 8 點鐘位置。這種腺體分泌的物質一般都會隨著硬便排出，但在軟便時容易堆積引起感染或者狗一緊張，放出臭死人的味道。還有當看到狗狗在磨屁屁時，糞便中又看不到寄生蟲，那就可能是肛門腺有問題囉。

有時飼主會疏忽的是肛門附近的清潔，如果沒有定時清潔肛門腺，留在肛門內的污物容易引起肛門炎，並散發惡臭。所以飼主除了須將狗兒肛門腺內的分泌物充分擠出外，還須注意周圍毛部的清潔，可藉洗澡時一併處理，亦即在沖掉洗毛精的同時，用食指和拇指輕輕擠肛門下部凸出的地方，將污物擠出。剛開始可能有一點困難，可以請教獸醫師。

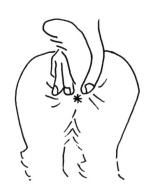

CHAPTER 6

Healthing your dog

狗狗的健康管理

Visiting a vet

幫狗狗找個家庭醫生

　　在決定飼養狗兒之後，最好立即幫狗兒找一位家庭醫生。要知道，狗兒的健康，全靠飼主的照顧與決定。

　　所有的飼主都要養成幫狗兒做例行健康檢查的習慣，即「預防重於治療」。所以，倘若住家附近有動物醫院當然是最方便的，不僅能為狗兒作各種傳染病的預防接種，臨時健康出了狀況時，也可以馬上帶狗兒前往就診。

　　當第一次拜訪獸醫師時，除了獸醫師會為狗兒做基本觀察、觸摸等的生理檢查，飼主也要詳細告訴獸醫師所有已知的狀況，以方便獸醫師作出正確的診斷。

定期預防注射

　　剛出生的小狗因為攝取於母狗的乳汁內的移行抗體，所以大都具有免疫力，不過斷奶後，沒有移行抗抗體幫助，又加上身體的免疫系統尚未完全發揮作用，所以在這段空窗期，需要接種疫苗，以增強身體抵抗力。這些疫苗，包括政府規定必須注射的狂犬病疫苗，或是多力價疫苗，如：七合一或八合一疫苗！

　　每個國家因地方環境以及傳染病的不同，疫苗計劃也都不一樣，有時有特定傳染病爆發，也都會隨時更動。在台灣的疫苗計劃，一般在一歲以下必須注射三次，第一次注射多力價疫苗是在出生後第四十五天，然後隔三十天注射第二次多力價疫

苗，再隔三十天注射第三次多力價疫苗以及政府規定必須注射的狂犬病疫苗，這樣子一歲以下的防疫計劃就完成。

之後每隔一年補強注射一次。狗兒在接種過狂犬病預防注射之後，獸醫師會給飼主一塊牌子作為識別，牌子上有每一支預防注射針的編號。

目前台灣的疫苗計劃

年齡	出生後第 45 天	出生後第七十五天	出生後第 105 天	每年補強一次
疫苗種類	七合一或八合一多力價疫苗	七合一或八合一多力價疫苗	七合一或八合一多力價疫苗	七合一或八合一多力價疫苗
		萊姆病疫苗	萊姆病疫苗	萊姆病疫苗
				狂犬病疫苗

一般主人大都有個不正確觀念，都覺得狗兒都在家中，沒有出門，沒有與其他的動物接觸，就不會感染到什麼傳染病。這想法絕對錯誤，狗雖然不出門但是主人會，主人會變成犬隻感染疾病的中間媒介，例如：主人在路上不小心踩到其他病狗遺留的尿液或糞便殘渣，不經意地回到家中，狗用鼻聞嗅或舔舐鞋底而感染！

以下，是台灣最常見的犬隻疾病，大半都是病毒感染，當狗兒一旦感染下列疾病，都相當麻煩，幾乎都沒有特效可治療，僅能以支持療法幫助，舉例來說，如：犬瘟熱對於幼犬就有滿高的死亡率，也沒有特效藥，即使僥倖痊癒也大多會有後遺症留下來，所以定期幫狗兒施打預防注射是必須的，飼主不可不慎。

另外，鉤端螺旋體、狂犬病、萊姆病這三個還是人畜共通傳染病，身為主人是必須要特別注意的！

常見的傳染病

病　名	症　狀	原　因
犬瘟熱	出現食慾減退，發高燒，鼻涕黏稠，乃至嘔吐、下痢現象，主要造成呼吸以及神經系統損害，早期症狀與一般上呼吸道感染，也就是一般俗稱感冒類似，常被輕易忽略。僥倖耐過，也會有神經系統的永久傷害後遺症，例如：全身癱瘓、半癱、視覺消失。	由病毒感染，高度傳染性，多見於未滿一歲的幼犬，以直接或間接接觸病犬的眼睛、鼻分泌物，甚至不須直接接觸病犬就能染病，如空氣。
犬鉤端螺旋體症	出現嘔吐、下痢、皮膚彈力消失、貧血、發抖、口內潰瘍、眼結膜充血、視力損壞、蛋白尿、血尿或無尿，或因尿毒症引起的神經症狀。	病原為鉤端螺旋體，以破壞腎功能造成腎炎、腎衰竭和血尿。如吃到被尿液污染的食物，就容易受感染。
犬出血性黃疸	高燒、厭食、眼分泌物增加、嘔吐、下痢等腸胃炎症狀，主要會破壞肝功能，造成全身性黃疸、點狀出血、綠褐色尿為主要特徵。	由鉤端螺旋體感染，可藉由接觸病犬尿液或受尿液污染的水、食物及器具，或經由口或皮膚而感染。
犬冠狀病毒腸炎	以嚴重下痢或血便及高頻率嘔吐為主要症狀，偶爾可見呼吸道症狀。	為病毒感染，可藉由糞便、嘔吐物、被糞便污染的食物或器具等傳播。

犬小病毒性腸炎	突然嚴重引起嘔吐、下血痢，短短一日內就變得衰弱不堪，幼犬甚至會在二日內因極度脫水或心肌炎死亡。與冠狀病毒性腸炎類似，兩者很難區分，可以用實驗室試劑區分！	由病毒感染引起，傳染源為糞便，受糞便污染的籠子、鞋子、四肢、毛髮，都會攜帶感染源。
犬副流行性感冒	以嚴重的流鼻水或膿性鼻涕以及高頻率咳嗽為主的病，病程可長達數週，少數會引發嚴重的支氣管肺炎而死亡。	由病毒感染，通常會與其他呼吸道疾病合併感染，例如：犬傳染性支氣管炎一起混合感染。此病也是犬舍咳最大的元兇之一。
犬傳染性支氣管炎	潛伏期為5～10天，常見強力乾咳，類似人的哮喘，過度咳嗽還會引發嘔吐，甚至喉頭水腫，嘔吐物還帶血絲。	由病毒感染，好發於秋冬季，早晚溫差大或是寒流來時，病期一般持續10～20天。
犬傳染性肝炎	劇渴、食慾不振、扁桃腺炎、腹部因肝臟腫大而有觸痛感，而且會造成眼睛的眼角水腫及混濁，造成「藍眼症」。	由犬腺狀病毒第一型感染，因接觸被患犬尿液污染的物品而感染，感染後會攻擊很多內臟器官，最常攻擊的就是肝臟。
狂犬病	有沉靜型與狂暴型兩種，又名「恐水症」，症狀為不斷流口水，走路會搖搖晃晃，越接近末期越發現狂暴的現象，最後見到什麼都咬。	所有溫血動物都會感染，由病毒攻擊中樞神經系統造成前述症狀，但經過法律規定必須實施預防接種後，幾乎已經消聲匿跡。
萊姆病	突然間變跛行的狗要特別注意，會有非運動傷害的關節腫脹疼痛、發燒、昏睡、淋巴腫大……。	這經由壁虱傳染的疾病，狗在患此病之前一定遭受壁虱叮咬，病原為螺旋體（Borrelio burgdorferi）。此病也會傳染給人，目前在台灣已經越來越多人感染此病，截至2001年底止，通報病例共計 699 例，主人還是特別小心！

3 驅　蟲

外寄生蟲

◎ 跳蚤

症狀：叮肉吸血，有時被跳蚤叮咬過後，會引起動物及人的過敏反應。甚至有些狗兒因為癢就用力持續的咬或抓，造成掉毛、流出分泌物、色素沉澱，位置大部分在尾巴的基部或臀部，這就是「跳蚤過敏症」，這時若不與以治療，狗兒就會持續抓咬，而導致破皮或因細菌二次感染而發展成其他的症狀與皮膚病，如：膿皮症、皮脂漏。跳蚤也會攜帶、傳染不同種的微生物。還有因跳蚤造成的貧血症，也常會發生在幼犬及重度感染的成犬上。

傳播：接觸到有成蟲的環境或其他貓狗。

預防及治療：養成使用蚤梳的習慣，定期檢查狗狗身上的腳掌、耳下、頸部，常洗澡、常用吸塵器、常清洗寢具以保持環境清潔。發現時，可使用具除蚤效果的滴劑、噴劑、粉劑或洗藥澡。

◎ 壁蝨

症狀：以吸血寄生為主，會使狗狗煩躁、貧血、中風及惡性黃疸。還會引起壁蝨麻痺症，傳播巴貝斯蟲、萊姆病、洛磯山熱。

傳播：接觸到有幼蟲或成蟲的環境與其他患有壁蝨的狗，通常長期在外草叢走動的狗比較會多見寄生蟲感染。

預防及治療：若發現時要儘快地移除，因為壁蝨數量量過多也會引起壁蝨叮咬性的皮膚炎，並且需要定期檢查狗狗身上的腳掌、耳下、外耳道口、頸部，還有常梳毛、常洗澡，更要常使用吸塵器、常清洗寢具以保持環境清潔，避免提供壁蝨適合的環境。

另外，也可以向獸醫師請教，採用市售商品，除壁蝨專用頸圈或是噴劑、滴劑、洗劑……等等。

內寄生蟲

◎ 心絲蟲

症狀：初期症狀為咳嗽氣喘，如寄生數量增多，則心、肺、肝、腎都會受到危害。

傳播：心絲蟲以蚊子為中間宿主，藉由叮咬吸血時，把幼蟲寄生於狗血管內，初期，症狀不會立刻出現，因此發現不易。

預防及治療：防止蚊子進入家裡，避免犬隻被叮咬，幼犬經過血液檢驗確定無成蟲感染，則必須每月口服心絲蟲預防藥症，或是半年注射一次心絲蟲預防針，若經驗出已有成蟲感染，必須儘快接受治療。

◎ 蛔蟲

症狀：有食慾，但體重銳減，常發生嘔吐、黏液便等症狀，幼犬甚至會因蟲體過多，導致腸子堵塞而死亡。

傳播：幼犬大部分是經由胎盤傳染，而成犬則經由接觸糞便感染。

預防及治療：食碗與睡舖應時常清理，狗兒應定期檢查，每半年至一年固定服用驅蟲藥一次，若糞便經發蟲體，請將糞便以及蟲體帶至動物醫院，請獸醫師診斷，並服用藥物驅除。

◎ 鉤蟲

症狀：蟲體叮咬腸壁吸血，會引起下痢，血便和貧血，嚴重時會休克，甚至死亡。營養狀況越差的狗，狀況越顯著。

傳播：常寄生在十二指腸附近的寄生蟲，蟲卵由口而入，幼蟲由皮膚或胎盤侵入。

預防及治療：每半年至一年固定糞便檢查以及服用驅蟲藥一次。

◎ 犬蛺蟲

症狀：有大量寄生蟲時，會引起軟便、下痢，蟲體具有強吸取養分的能力而導致犬隻營養不良，毛質乾燥變差，甚至蟲體過多阻塞腸道。

傳播：犬蛺蟲傳染大部分是以跳蚤爲中間宿主，藉由叮咬傳播幼蟲，或是犬隻誤食糞便中的蟲體節片。

預防及治療：注意身體清潔，以防治跳蚤附身及叮咬爲主要目標，可採用市售商品除跳蚤藥劑；每半年至一年服用驅蟲藥一次，若發現糞便中有米粒樣蟲體節片，請將樣本帶至動物醫院診斷。

了解狗狗的身體構造

狗的骨骼與動作

　　狗因犬種、遺傳特徵的差別，體型與大小也互有不同。狗兒全身的骨骼大致由 279～282 塊骨頭所組成。從出生到完全發育，極為迅速，為哺乳類中之特例。

　　狗兒的步伐姿勢優美，因骨形成均勻的緣故，包括胸椎在內，肩胛骨與後肢等部位的角度完美，凡是追、趕、跑、跳等動作都十分矯捷，全身的肌肉如彈簧一般發達。

敏銳的嗅覺與聽覺

黑又潮濕的鼻子，幾乎可說和狗的生命一般重要。雖然狗兒在嗅覺方面有個別差異，但一般來講，仍是人類嗅覺的一千至一千二百倍左右，相當靈敏。

耳朵的構造方面，由外耳、中耳、內耳組成，外耳道不像人類有水平入口，其呈現 L 形，是先向下深入，再呈水平位內延伸。狗的聽覺每秒頻率為 25 以上周波，收聽能力約超過人類的 16 倍以上，相當驚人。再者，若人的方向感為 16 個方位，那麼狗的方向感正好是人的一倍，即 32 方位。

視野比人類窄小

134

狗的視野幅度只有 25 度左右，比人類窄小許多。此外，牠們辨別色彩的錐狀細胞也很小，所以幾乎可以說是完全色盲。但另一方面，因為他們的反射膜裡能感應微弱的光線，並傳達到視網膜細胞，所以即使牠們在黑暗中也能正常行動。

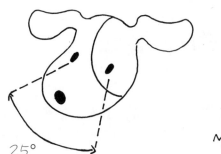

身毛的特徵

在狗的身上，一個毛孔可以長出一根毛髮與數根短毛，稱為毛束。通常在夏天較疏，而冬天較密，另外依照犬種不同。

由呼吸次數測體溫

狗由於缺少發汗作用，所以無法像人類一樣靠流汗來降低體溫。牠們唯一能做的，就是張開嘴巴呼吸以求散熱，次數在15～30之間不等。

Signs of life

5 生活中的小徵兆

　　狗兒不會說話，要知道狗兒健不健康，最重要的就是平日多注意狗兒的一舉一動。因爲狗兒對疼痛的忍耐度很高，或是爲了取悅主人而依舊圍繞腳邊

　　不過若覺得狗的活力降低、沒精打采的，就可能代表身體不舒服，一旦狗兒有不同於日常的表現，便應立即就醫，好讓病灶早日發現，早日治療。

消化系統

◎ 嘔吐

　　當狗狗吐出剛吞下的食物，或者半消化食糜或泡沫狀黏液時，若還有精神不濟的狀況出現，要看清楚嘔吐物，並描述讓獸醫了解，以增加診斷的正確性。另外是連喝水也吐，這代表更嚴重的病徵。

◎ 腹瀉

　　從糞便的顏色或形狀，可以了解狗兒是否健康。按照一般情況，糞便的顏色會隨食物內容改變，譬如肉類爲黑褐色、澱

粉類爲黃褐色。同時，在身體健康的前提下糞便硬度適中，倘若糞便如同黏液甚至帶血絲，或有腹瀉的情形，都應視爲生病，尤其是抵抗力弱的幼犬，必須與獸醫商量，或馬上送醫。

◎ 便秘

看到狗兒已經出現半蹲便便姿勢數分鐘，一直用力怒張排便，卻也排不出個所以然，一般這現象稱爲「裡急後重」，這狀況通常是便秘的表現徵候，便秘原因很多，糞石症、肛門腺炎、前列腺腫大……都會引起便秘。

◎ 食慾不振

大部分狗較貪食，若有慾不振，這更是生病的徵候之一，倘若狗有精神但食慾不佳，或食慾常高低起伏等現象，就要開始留意，若發現體重也下降，要馬上找醫師商量。

生殖系統

◎ 不正常的分泌物

正常的狀況下，狗狗的生殖器附近是覆有稀疏的乾淨毛髮，但若有腫脹且排出黏性或膿性滲出物時，若排除掉母狗因爲發情的可能，就是可能有一些感染的狀況發生，要儘快就醫。

◎ 乳腺膨大

正常在懷孕情況下，才會有乳腺膨大的症候，若是沒有交

137

配的母犬卻出現乳腺膨大甚至已經分泌乳汁，或是老母犬出現乳腺脹大甚至硬塊，這都是不正常，請帶至動物醫院檢查！

◎ 睪丸膨大

若出現公犬睪丸明顯脹大，甚至出現傷口，狗兒一直去舔舐，這有可能是細菌感染或是精索扭轉阻塞導致，也有可能是睪丸腫瘤，這都還需要獸醫師進一步的檢查診斷。

◎ 難產

當狗狗腹部有明顯的收縮超過 1 小時，或有緊張不安的狀況超過 24 小時，或生產過程中 2 胎之間超過 3 小時，要注意母狗有難產的可能，需緊急通知獸醫。

泌尿系統

◎ 血尿

狗狗一般正常的尿液顏色為淡黃色，若尿液呈現含有血液紅血素的顏色，或是若不是因為服用特殊藥物的關係，可以請獸醫檢查一番。

◎ 大小便失禁

因為狗狗在身體上的一些疼痛或刺激，使得狗狗失去控制排泄排遺的能力，排泄失禁或是排遺失禁，或者兩者失禁都代表不同疾病，這還是得要仔細檢查。

◎ 多尿、憋尿

當環境沒有變異的狀況下，狗狗忽然明顯增加排尿次數時，有可能是因為感染或結石使膀胱受到傷害，而引起疼痛的反應，需要立即接受診治。

◎ 口渴

小型犬因體內水分少，當鹽分攝取多時就需要大量飲水，還有當發燒或下痢、糖尿病等狀況發生時，也需要大量飲水，所以飼主要注意。

神經系統

◎ 痙攣

狗狗的肌肉出現強迫性的收縮，譬如說四肢抽搐、口角流口水、下巴有開闔的動作，甚至會倒在地上，或失去知覺。

◎ 蹣跚

步伐和平日不同也要加以注意，有可能是腳底被東西刺到，或者趾尖生有蚤蝨，在大型犬也可能是關節結構不良，讓狗兒癢痛難耐、步履蹣跚。

◎ 部分或完全癱瘓

狗兒突然間的癱瘓，可能發生在前肢、後肢、單側……這些突然間的麻痺癱瘓，除了外力傷害造成之外，也有的是一些

139

疾病造成的，這也是要到動物醫院做精密的神經檢查才能了解原因！

◎ 行為改變

當覺得狗狗出現不安、神經質、遊蕩、踱步的狀況，需要特別注意，觀察一下是環境的因素，還是因為身體的不適引發精神上的焦慮。

◎ 失去平衡

狗兒呈現走路不穩，迴旋狀步行，這牽涉到小腦與內耳平衡，甚至是一些疾病感染或是神經病變造成。

◎ 反應遲鈍

狗在看見有人招喚時，都會立刻搖尾巴趨近，顯露出高興的表情；但如果狗的身體狀況不佳，這種反應就會變成遲鈍。

🐾 呼吸系統

◎ 鼻音重

狗兒呼吸聲若發現較沉重，有可能是呼吸道感染問題，可能會有鼻塞或是流鼻水的現象，可以自行檢視，但是短鼻犬種呼吸鼻音較重是正常現象。

◎ 持續噴嚏

一般空氣污濁或微粒過多也會引起持續性噴嚏，且只是一兩回合而已，但是發覺整天狗兒持續打噴嚏，這都是呼吸道已經有毛病。

◎ 咳嗽

狗狗在咳嗽時，會低頭喘氣並有作嘔的樣子出現，所以常常會被飼主認為狗狗是在嘔吐，需要特別注意。尤其新買的小狗更要特別注意，而狗咳嗽，尤其在晚上出現頻率較高，大都是心臟問題．

◎ 嚴重打鼾

最常出現在短鼻犬種，或是軟口蓋過長的狗，甚至出現鼾聲性呼吸

◎ 呼吸困難

正常狗狗的呼吸感覺是輕鬆自然的，即使在激烈運動後也一樣。但是，當發現狗狗有努力呼吸，而且有氣喘的現象發生時，就必須請醫生進行診斷。

皮膚

◎ 持續搔癢

狗狗一直針對特定部位搔癢時，要先確定是否跟環境、氣候有關，或者是否有跳蚤、蝨子叮咬。

◎ 持續啃咬、舔舐

狗身上有傷，會用舌頭舔噬患處加以治療，所以舔拭的動作有可能表示，狗身上的某個部分有發炎或寄生蟲。

◎ 異樣腫塊

直接在皮膚上出現腫塊或是在皮膚下游走的硬塊，這都是不正常現象，尤其是生長速度特別快的腫塊，必須做病理切片確診。

◎ 大量掉毛

通常除了季節性的換毛外，發現身上大量脫毛，都是不正常現象，這種情況皮膚會呈現紅色或黑色，請進速就醫。

◎ 毛色暗沉

無論任何狗兒，在健康的時候，都擁有鮮亮光澤、摸起來像絨毛一般柔軟的毛髮。當毛髮變粗硬而乾燥時，就表示狗的身體狀況已不再像往日一般健康或是缺乏某些脂肪酸。

這時毛所依存的皮膚也開始產生變化，逐漸失去彈性與張

力，出現乾澀的現象。

耳朵

◎ 不停搔耳

當狗經常用前腳和後腳不停搔耳，即表示耳內有異狀，可能是外耳炎或寄生蟲作祟。嚴重時候還會因為激烈的搔耳導致耳血腫。

◎ 分泌物增加、惡臭

若耳朵的分泌物有異味或顏色，這是耳朵有細菌或黴菌感染發生，應就醫診治，免得時間拖久，導致耳道閉鎖。

◎ 聽力降低

狗兒聽覺敏銳，若發現呼喚其名，卻無反映，或是反映遲鈍，這都是聽力有問題，在小狗若發現聽力有問題，大都是遺傳或近親交配導致。

眼睛

◎ 眼睛分泌物過多

143

有時，因為洗毛精的刺激、呼吸道感染、角膜潰瘍、結膜炎、淚腺炎、鼻淚管阻塞……等等，會出現流淚或分泌物過多，甚至上述耳朵的感染，也會造成此現象。

◎ 充血

通常是眼睛遭受感染，眼睛會充血，就是眼球表面布滿血絲，有時體溫高熱，也會有充血現象。

◎ 瞳孔變白

一般正常都是黑色，在晚上若光線直射犬隻眼睛會變成綠色反光，這都是正常，但是瞳孔一旦變成混濁白色，就是白內障，有糖尿病性白內障、老年性白內障等等，這必須交給獸醫師去診斷及治療。

◎ 眼球內全面變白

剛開始眼球裡會出現雲霧狀東西，後期整個都是白色，幾乎看不見瞳孔，俗稱青光眼。

◎ 第三眼瞼突出

在狗兒有所謂第三眼瞼，在眼角部分，若是異常曾生或突出時，會影響到視力，甚至不舒服用前肢搔抓，這俗稱「櫻桃眼」，在某些犬種比較容易好發，例如：可卡，是必須實行外科手術切除。

144

 嘴巴

◎ 唾液直流

通常嘴短的狗比較容易流口水，但若口水

過多或起泡，均屬不正常，絕不能置之不理。

◎ 口臭

嘴巴呼出氣體惡臭，有可能是口腔炎、
腫瘤、牙周病、胃部毛病，若聞起來是氨水
般尿臭味，這代表腎臟已經出現毛病，需要
特別注意。

◎ 牙結石

一般正常牙齒都是潔白，但是一旦發現牙齒與齒齦交界已
經有黃色牙菌斑，就會漸漸形成齒石，這就是牙結石，一般牙
結石出現也代表有牙周病，是必須治療的。

◎ 齒齦紅腫

一般正常是粉紅色，若齒齦與牙齒交界呈現充血或水腫，
甚至出血，這就是「齒齦炎」，有可能是牙周病或是其他疾病
的徵候。

◎ 齒齦或口腔黏膜蒼白

一般齒齦與口腔黏膜都是紅潤，一旦呈現蒼白顏色，這代
表狗兒有貧血，必須要獸醫師仔細檢查。

Health Control
四季健康管理

 春季

　　狗兒在幼犬階段無法自行控制或調節體溫，所以在寒冷的天氣，要特別重保暖。在暖和的天氣裡，可以經常帶狗出外作日光浴或散步遛達。

　　此時也是容易罹患皮膚病的季節，因為隨著氣溫上升，黴菌蝨蟲的活動變得活絡。同時因為此時為換毛季節，多毛（細毛）大量脫落，飼主可以時常幫狗兒刷毛，將腳毛、皮膚、污物一併刷除，不但可以促進狗兒的血液循環，還有助於狗兒的毛髮新生。

　　洗澡也是防止皮膚病發生的方法之一，但是千萬別天天洗，經常性會把具有保護作用的皮脂洗掉，皮膚會出毛病的，一般建議短則七天洗一次，可選擇溫暖的上午進行，而且為了避免使狗兒受寒，洗澡時動作要快，洗後立即用吹風機吹乾。

夏季

　　狗兒最無法忍受的就是夏天的躁熱了，所以在這個季節裡，要特別注意牠們的健康。

　　首先需要注意的為食物中毒，從梅雨季節開始到酷熱的夏天，細菌和黴菌的繁殖最為迅速，對食物的保存來說是很大的問題。所以吃剩的食物最好丟棄，不要留到下一頓再吃。

　　還有，夏天的氣溫高，狗兒難免食慾不振，這時，脂肪多的食物應儘量避免餵食，轉而餵食蛋白質類食品，以維護牠的健康。狗兒若精神仍維持良好，則不必擔心，但長期食慾不振就得注意，最好請獸醫師診察，順便檢查腸內是否有寄生蟲。

　　當狗體內的溫度突然升得過高，超過體溫調節中樞能力時，會造成體內衡定系統不穩、細胞受損，進而危及到生命，這就是中暑。

　　狗狗的正常體溫為 38～39℃，若飼主發現到狗狗伸長舌頭不斷快速喘氣、摸摸身子體溫很高、呼吸聲大於平常、黏膜（眼瞼、牙齦）潮紅、虛弱的倒下或昏睡時要注意，這些是中暑的徵兆，要趕緊處理。當懷疑家中的愛犬有中暑可能時，要儘快的將動物移到涼爽的地方，用冷水擦拭全身降溫，並儘速送醫處理，並做個徹底檢查，驗血看血相及血清生化是否正常，有異常時需要注院觀察治療，以免留下遺憾。

當然還是要提醒主人，擁有扁鼻短吻的犬隻，如西施、沙皮、巴哥、北京犬或是容易患有遺傳性氣管塌陷犬隻，如：吉娃娃、馬爾濟斯、博美、約克夏，這些犬隻在夏天時非常容易中暑，需要別注意！

大熱天艷陽高照時，柏油路的溫度也是直線上升，因此，當狗狗腳踩在路面上時，就好像踏在加熱的鐵板上。雖然狗狗腳底的皮膚經過角化，比一般皮膚耐磨，但在這時候帶牠出門還是會燙傷腳底，引起皮膚發紅、脫落、疼痛，甚至於潰爛的情況。所以飼主需特別注意，在夏季請避免在大太陽下帶狗狗出門，依目前的氣候狀態，約上午 10 點到下午 4 點都不宜讓狗步行在大馬路上，溜狗最好選一大清早或黃昏時刻較爲適合。

在這個季節，不維持清潔狗兒的耳內部，也相當容易引起外耳炎等耳朵相關疾病，因此有長耳下垂的長毛狗，譬如可卡犬，尤須注意耳朵的清潔。

 ## 秋季

在秋天的季節，狗兒的食慾恢復，可以多餵食含有高蛋白質的食物，如牛肉、豬肉、鷄肉、魚肉、蛋黃、乳酪等等。

還有，秋天氣候變化多端，無論幼犬或老狗都應注意身體，避免著涼。

● 冬季

　　冬日裡人們因為怕冷，往往忽略每日該做的散步，通常狗類都具備良好的禦寒能力，所以一天至少要帶出去散步一次，接受紫外線的照射。

　　關於飲食方面，脂肪量的攝取較春秋季節要高。

Castration
絕育手術

　　許多的主人雖然也不想讓他們的狗兒生育，但也不讓狗兒進行絕育手術（結紮）的想法是：愛牠，怕手術風險，怕術後感染及其他併發症，怕……。但防護再密，一個不小心可就會多出好幾隻小狗。不過，如果大家都能為自己的狗兒施行絕育手術，就可以完全杜絕不必要出生的小生命出世。

150

🐾 杜絕疾病，解決行為問題

　　當狗兒進行絕育手術（結紮）之後，可以避免狗兒因發情而製造各種問題，相對的，飼主就不會因為這些行為問題而嫌棄，甚至棄養的念頭。當然，幫狗兒進行絕育手術，還可以避

免某些疾病發生的可能，如：子宮畜膿、子宮內膜炎、卵巢囊腫引起的疾病、性病、假懷孕、攝護腺腫大、睪丸腫瘤……等問題。

此外，公狗雖沒有生小狗的可能，但其分泌荷爾蒙造成雄性行為，也許會增添飼主不少的麻煩，絕對不會少於生育的困擾。因為公狗會持續性的想找對象交配而問題不斷，例如：跟其它公狗爭風吃醋而大打出手，弄得遍體鱗傷；在馬路上逗留，易出車禍或受傷；情緒不穩，會攻擊其它弱小動物；咬人、破壞家具或壞脾氣……等不適當行為。此外，亂叫或壞脾氣等也都是發情常見的症狀。所以，性衝動會讓一隻很可愛的狗，轉變成一隻惹人討厭的狗。

簡而言之，幫狗兒進行絕育手術後，可以幫助牠們克服許多生理、心理上的問題，成為我們更貼心的好夥伴。

安全簡單的手術

事實上，絕育手術在受過專業訓練的獸醫師的操刀下，是個相當安全、簡單、不痛的手術。在手術完成後，佩戴防舔頸圈，大概只需要約 3 天的安靜休息，就可以恢復元氣。

絕育手術的方式，以公狗來說是將睪丸切除，稱之為去勢手術（Castration）；而母狗的節育方式，則建議是將子宮卵巢完全切除，因為這是最正統，也是最被建議的絕育方式。

目前，政府為了推廣絕育手術，民眾可以向各地縣市政府申請絕育手術的補助費用。預知詳情，可以詢問當地的動物醫院，動物醫生們會很樂意的替你解答。

Giving medicines
8 餵藥技巧

　　許多疾病都需要靠藥物來控制、治療,但是,藥實在不太好吃,要狗自己把藥吞下去,當然也不太可能,所以就要靠飼主餵食了。在此提供一些餵藥技巧給各位新主人做參考。

　　另外,當要餵藥時,最好是由飼主走向狗兒,而不是叫狗兒過來,不然狗兒會對於往後聽到呼叫自己的名字時,產生不好的印象。

藥丸、膠囊

　　徒手餵藥法:一隻手把狗兒嘴巴打開,另一隻手儘速把藥丟入舌頭深處,並把嘴巴闔上。一隻手把狗的嘴巴抓著保持緊閉,另一隻手輕輕撫摸脖子處,使藥順著喉嚨吞下。此種方式比較適合溫馴聽話的狗。

強迫餵藥法：第一種方法失敗時，採用此種方式，若當要打開牠的嘴巴時，狗兒倒退反抗，可以用雙腳膝蓋夾頂住狗的肩膀，並用左手從嘴巴兩側扣住上下顎關節，強迫嘴巴打開，右手迅速將藥丟入嘴內，並用中指將藥推到舌根部。

食物誘拐餵藥法：此種方式比較適合在較貪吃的狗，若狗兒不喜歡吞藥，甚至會吐藥時，可以試著將藥包裹在狗喜歡吃的食物當中，一般是用肉塊或是麵包

類的食物。不過，在選擇食物前，最好先問一下獸醫師，有什麼食物是不能與藥同時餵食的，甚至會影響藥性。

餵藥棒餵藥法：此種方式非常方便，幾乎各種犬種都可用，更適合不合作、嘴長口小手較難伸入餵藥的犬隻，如中型貴賓，這是一種長型塑膠棒，前端可以夾住藥丸或膠囊。

藥水

有時獸醫師會將藥丸磨成藥粉，或把膠囊打開將藥粉倒出，混在糖水中，讓飼主以針筒餵食。技巧是將針筒從狗嘴角邊伸入，徐徐將藥擠出，讓狗兒自然服下即可，最好不要將藥水擠至食物中，萬一狗兒不吃或是吃一些食物，無法吞下正確藥量，這樣也無法達到預期治療效果。

First-aid box
9 家庭急救箱

　　在生活當中，難免有些小意外發生，譬如說咬傷、擦傷、摔傷、中毒等等，或者有一些急症發生，譬如說中暑、窒息、發燒等等，各式狀況發生。如果，飼主知道一些緊急的處理方式，不但可以及時地幫狗狗減輕痛苦，甚至救牠一命。

　　因此，即使大部分的意外都需要獸醫師的緊急醫療，不過飼主仍可以做到穩定狀況，防止惡化，避免狗兒受到近一步的傷害，直到送到動物醫院或獸醫師處爲止。

　　所以，在家中爲狗兒準備一個急救箱，包括：紗布繃帶、彈性繃帶、透氣膠帶、紗布、消毒棉塊、棉花棒、鑷子、剪刀、碘酒、消炎藥，可攜帶式小瓶氧氣罐。甚至可以針對個別狗兒的生理狀況，詢問獸醫師，請獸醫師建議準備那些的緊急用藥。最後，提醒飼主，所有的藥物需放置在狗兒及兒童碰觸不到的位置。

急救 DIY

狀況	緊急處置	說明
檢查呼吸	檢查胸部，觀察胸部起伏 檢查鼻子，觀察鼻部呼吸	一般正常呼吸速率為每分鐘10～40次。
檢查脈搏	觸摸右胸，感覺心跳 觸摸後腿內側，感覺動脈脈搏	一般大型犬正常心跳為每分鐘70～100次，小型犬為每分鐘100～130次以上。
檢查喉嚨	把嘴打開，觀察是否有異物 伸直喉嚨，把舌頭拉出一旁 或是觀察是否有拱背乾嘔狀	保持呼吸順暢。
檢查反應	觸摸眼瞼，觀察眨眼反射 照射眼睛，觀察瞳孔反應 觸摸掌底，觀察刺激反應	·若有反應，代表尚有意識。 ·若無反應，代表腦部可能受損。 ·若無縮回反應，代表無意識或神經受損。

下面是常見的緊急狀況，僅提供參考

痙攣	預防痙攣時舌部傷	一般狗兒痙攣都是突發性，最重要是預防舌部受傷或失去平衡的碰撞，可用金屬管或木棍橫至上下顎，將狗移置空曠處，並將頭部放低，預防唾液嗆入氣管。
中暑	降低體溫，給予水分	通常中暑的狗狗大部分都是處於高熱環境下，再加上極度缺乏飲水，發現狗兒呈現急速喘氣，眼球充血，體溫超過40度……中暑症狀時，先予以用水噴灑身體，降低體溫，也可以用冰袋，置於後腿內側，且給予在醫療器材行或體育用品店購買的小瓶氧氣罐，若狗兒還清醒，給予清水飲用，若已經呈現昏迷，抱持降低體溫程序，並儘速送醫。

中毒	觀察環境，找出致毒物，並儘速送醫	狗兒中毒，最重要的是需要先知道吃下什麼樣的毒物，判斷吸入、接觸或食入中毒是最重要的，並將毒物與狗狗，儘速帶至動物醫院，醫生才可以明確使用正確解毒劑。
咬傷	檢查傷口 1. 判斷是否傷及血管。 2. 清洗傷口。	• 大量流血時，需立即壓迫止血，若是較大血管破裂，可採用止血帶纏繞創口附近，靠近心臟的近側端。 • 先用清水或生理時鹽水清理傷口，若家中有沙威隆，可用以稀釋沖洗傷口，再趕緊送醫。

附　錄

【動物保護法】

◎中華民國八十七年十月十三日立法院第三屆第六會期第五次會議通過

◎中華民國八十七年十一月四日總統華總㈠義字第八七〇〇二二四三七〇號令公布

◎中華民國八十九年五月十七日總統華總㈠義字第八九〇〇一一八四四〇號令公布修正第二條條文

◎中華民國九十年一月十七日總統華總㈠義字第九〇〇〇〇〇七五三〇號令公布修正第六條、第十二條、第二十二條及第二十八條條文

第一章　總　則

第一條

為尊重動物生命及保護動物，特制定本法。

動物之保護，依本法之規定。但其他法律有特別之規定者，適用其他法律之規定。

第二條

本法所稱主管機關：在中央為行政院農業委員會；在省（市）為省（市）政府；在縣（市）為縣（市）政府。

第三條

本法用詞定義如下：

一、動物：指犬、貓及其他人為飼養或管領之脊椎動物，包括經濟動物、實驗動物、寵物及其他動物。

二、經濟動物：指為皮毛、肉用、乳用、役用或其他經濟目的而飼養或管領之動物。

三、實驗動物：指為科學應用目的的而飼養或管領之動物。

四、科學應用：指為教學訓練、科學試驗、製造生物製劑、試驗商

157

品、藥物、毒物及移植器官等目的所進行之應用行為。

五、寵物：指犬、貓及其他供玩賞、伴侶之目的而飼養或管領之動物。

六、飼主：指動物之所有人或實際管領動物之人。

第二章　動物之一般保護

第四條

中央主管機關應設動物保護委員會，負責動物保護政策之研擬及本法執行之檢討。

前項委員會之委員為無給職，其設置辦法由中央主管機關訂定之；其中專家、學者及民間保護動物團體不具政府機關代表身分之委員，不得少於委員總人數之三分之二。

第五條

動物之飼主，以年滿十五歲者為限。未滿十五歲者飼養動物，以其法定代理人或法定監護人為飼主。

飼主對於所管領之動物，應提供適當之食物、飲水及充足之活動空間，注意其生活環境之安全、遮蔽、通風、光照、溫度、清潔及其他妥善之照顧，並應避免其所飼養之動物遭受不必要之騷擾、虐待或傷害。

飼主飼養之動物，除得送交動物收容處所或直轄市、縣（市）主管機關指定之場所收容處理外，不得棄養。

第六條

任何人不得無故騷擾、虐待或傷害他人飼養之動物。

第七條

飼主應防止其所飼養動物無故侵害他人之生命、身體、自由、財產或安寧。

第八條

中央主管機關得指定公告禁止飼養、輸出或輸入之動物。

第九條

運送動物應注意其食物、飲水、排泄、環境及安全，並避免動物遭受

驚嚇、痛苦或傷害；其運送工具、方式及其他運送時應遵行事項之辦法，由中央主管機關定之。

第十條

對動物不得有下列行為：

一、以直接、間接賭博、娛樂、營業、宣傳或其他不當目的，進行動物之間或人與動物間之搏鬥。

二、以直接、間接賭博為目的，利用動物進行競技行為。

三、其他有害社會善良風俗之行為。

第十一條

飼主對於受傷或罹病之動物，應給與必要之醫療。

動物之醫療及手術，應基於動物健康或管理上需要，由獸醫師施行。但因緊急狀況或基於科學應用之目的或其他經中央主管機關公告之情形者，不在此限。

第十二條

對動物不得任意宰殺。但有下列情事之一者，不在此限：

一、為肉用、皮毛用，或餵飼其他動物之經濟利用目的者。

二、為科學應用目的者。

三、為控制動物群體疾病或品種改良之目的者。

四、為控制經濟動物數量過剩，並經主管機關許可者。

五、為解除動物傷病之痛苦者。

六、為避免危害人類生命、身體、健康、自由、財產或公共安全者。

七、收容於動物收容處所或直轄市、縣（市）主管機關指定之場所，經通知或公告逾七日而無人認領、認養或無適當之處置者。

八、其他依本法規定或經中央主管機關公告之事由者。

中央主管機關得公告禁止宰殺前項第一款之動物。

依第一項第七款規定准許認領、認養之動物，不包括依第八條公告禁止飼養或輸入之動物。但公告前已飼養或輸入，並依第三十六條第一項辦理登記者，准由原飼主認領。

159

第十三條

依前條第一項所定之事由宰殺動物時，應以使動物產生最少痛苦之人道方式為之，並遵行下列之規定：

一、除主管機關公告之情形外，不得於公共場所或公眾得出入之場所宰殺動物。

二、為解除寵物傷病之痛苦而宰殺寵物，除緊急情況外，應由獸醫師執行之。

三、宰殺收容於動物收容處所或直轄市、縣（市）主管機關指定場所之動物，應由獸醫師或在獸醫師監督下執行之。

四、宰殺數量過剩之動物，應依主管機關許可之方式為之。

中央主管機關得依實際需要訂定宰殺動物之人道方式。

第十四條

直轄市或縣（市）主管機關應自行或委託民間機構、團體設置動物收容處所或指定場所，收容及處理下列動物：

一、由直轄市或縣（市）政府、其他機構及民眾捕捉之遊蕩動物。

二、飼主不擬繼續飼養之動物。

三、主管機關依本法留置或沒入之動物。

四、危難中動物。

直轄市、縣（市）主管機關得訂定獎勵辦法，輔導民間機構、團體設置動物收容處所。

動物收容處所或直轄市、縣（市）主管機關指定之場所提供服務時，得收取費用；其收費標準，由直轄市、縣（市）主管機關定之。

第三章　動物之科學應用

第十五條

使用動物進行科學應用，應儘量減少數目，並以使動物產生最少痛苦及傷害之方式為之。

中央主管機關得依動物之種類訂定實驗動物之來源、適用範圍及管理

方法。

第十六條

進行動物科學應用之機構，應組成動物實驗管理小組，以督導該機構進行實驗動物之科學應用。

中央主管機關應設置實驗動物倫理委會員，以監督並管理動物之科學應用。

前項委員會至少應含獸醫師及民間動物保護團體代表各一名。

動物實驗管理小組之組成、任務暨管理辦法與實驗動物倫理委員會之設置辦法，由中央主管機關定之。

第十七條

科學應用後，應立即檢視實驗動物之狀況，如已失去部分肢體器官或仍持續承受痛苦，而足以影響其生存品質者，應立即以產生最少痛苦之方式宰殺之。

實驗動物經科學應用後，除有科學應用上之需要外，應待其完全恢復生理功能後，始得再進行科學應用。

第十八條

國民中學以下學校不得進行主管教育行政機關所定課程標準以外，足以使動物受傷害或死亡之教學訓練。

第四章　寵物之管理

第十九條

中央主管機關得指定公告應辦理登記之寵物。

前項寵物之出生、取得、轉讓、遺失及死亡，飼主應向直轄市、縣（市）主管機關或其委託之民間機構、團體辦理登記；直轄市、縣（市）主管機關應給與登記寵物身分標識，並得植入晶片。

前項寵物之登記程序、期限、絕育獎勵與其他應遵行事項及標識管理辦法，由中央主管機關定之。

第二十條

寵物出入公共場所或公眾得出入之場所，應由七歲以上之人伴同，並採取適當防護措施。

具攻擊性之寵物出入公共場所或公眾得出入之場所，應由成年人伴同，並採取適當防護措施。

前項具攻擊性之寵物及其所該採取之防護措施，由中央主管機關指定公告之。

第二十一條

應辦理登記之寵物出入公共場所或公眾得出入之場所無人伴同時，任何人均可捕捉，送交動物收容處所或直轄市、縣（市）主管機關指定之場所。

前項寵物有身分標識者，應儘速通知飼主認領；經通知逾七日未認領或無身分標識者，依第十二條及第十三條規定處理。

第一項之寵物有傳染病或其他緊急狀況者，得逕以人道方式宰殺之。

飼主送交動物收容處所或直轄市、縣（市）主管機關指定場所之寵物，準用前二項規定辦理。

第二十二條

以營利為目的，經營應辦理登記寵物之繁殖、買賣或寄養，應先向直轄市、縣（市）主管機關申請許可，並依法領得營業證照，始得為之。

前項繁殖、買賣、寄養者應具備之條件、設施、申請許可之程序與期限、註銷、撤銷許可之條件及其他應遵行事項之管理辦法，由中央主管機關定之。

第五章　行政監督

第二十三條

直轄市、縣（市）主管機關得置動物保護檢查人員，並得甄選義務動物保護員，協助動物保護檢查工作。

動物保護檢查人員得出入動物比賽、宰殺、繁殖、買賣、寄養、訓練、動物科學應用等場所，稽查、取締違反本法規定之有關事項。

對於前項稽查、取締，不得規避、拒絕或妨礙。

動物保護檢查人員於執行職務時，應出示身分證明文件，必要時得請警察人員協助。

第二十四條

直轄市或縣（市）主管機關對於違反第十五條、第十六第一項、第十七條或第十八條規定之機構、學校，應先通知限期改善或為必要之處置。

第六章　罰　　則

第二十五條

違反第二十二條第一項規定，未經直轄市或縣（市）主管機關許可，擅自經營應辦理登記寵物之繁殖、買賣或寄養者，處新臺幣五萬元以上二十五萬元以下罰鍰，並限期令其改善；屆期不改善者，應令其停止營業；拒不停止營業者，按次處罰之。

第二十六條

違反第八條規定，飼養、輸入或輸出經中央主管機關指定公告禁止飼養、輸入或輸出之動物，處新臺幣五萬元以上二十五萬元以下罰鍰。

第二十七條

有下列情事之一者，處新臺幣五萬元以上二十五萬以下罰鍰：

一、違反第十條規定，驅使動物與動物或動物與人搏鬥者。

二、前款與動物搏鬥者。

三、以直接、間接賭博為目的，利用動物進行競技行為。

四、其他有害社會善良風俗之利用動物行為者。

其涉及刑事責任者，並移送司法機關偵辦。

第二十八條

寵物之繁殖、買賣或寄養之經營人違反中央主管機關依第二十二條第

163

二項所定經營應辦理寵物之繁殖、買賣或寄養管理辦法規定應具備之條件及設施者，處新臺幣三萬元以上十五萬元以下罰鍰，並應令其限期改善；屆期不改善者，得按次處罰；經處罰三次者，撤銷其許可。

第二十九條

有下列情形之一，處新臺幣二萬元以上十萬元以下罰鍰：

一、違反第五條第三項規定棄養動物，致有破壞生態之虞者。

二、違反第十五條、第十六條第一項、第十七條或第十八條規定，未依第二十四條規定限期改善或為必要之處置者。

三、違反第二十條第二項規定，無成年人伴同或未採取適當防護措施，使具攻擊性寵物出入於公共場所或公眾得出入之場所者。

四、違反第二十三條第三項規定，規避、拒絕或妨礙動物保護檢查人員依法執行職務者。

第三十條

有下列情形之一，處新臺幣一萬元以上五萬元以下罰鍰：

一、違反第五條第二項規定，使所飼養動物遭受不必要之騷擾、虐待或傷害者。

二、違反第五條第三項規定，棄養動物者。

三、違反第六條規定，無故騷擾或虐待動物者。

四、違反第十一條第一項規定，對於受傷或罹病動物，飼主未給與必要之醫療，經直轄市或縣（市）主管機關通知限期改善，屆期未改善者。

五、違反第十三條第一款規定，於公共場所或公眾得出入之場所宰殺動物者。

六、違反第十三條第四款規定，未依主管機關許可方法宰殺數量過剩之動物者。

七、違反第十三條第二項，未依中央機關所定宰殺方式宰殺動物者。

第三十一條

有下列情形之一，處新臺幣二千元以上一萬元以下罰鍰，拒不改善

者，得按次處罰之：

一、運送人違反中央主管機關依第九條所定動物運送辦法規定之運送工具及方式者。

二、違反第十一條第二項規定，未基於動物健康或管理上之需要施行動物醫療及手術。

三、違反第十二條第一項、第二項規定，宰殺動物者。

四、違反第十三條第一項第二款規定，未具獸醫師資格非因緊急情況宰殺寵物者。

五、違反第十三條第一項第三款規定，未由獸醫師或未在獸醫師監督下宰殺動物者。

六、飼主未依中央主管機關依第十九條第三項所定寵物登記管理辦法規定期限辦理寵物之出生、取得、轉讓、遺失或死亡登記者。

七、飼主違反第二十條第一項規定，使寵物無七歲以上人伴同或未採取適當防護措施，出入於公共場所或公眾得出入之場所者。

第三十二條

有下列情形之一，直轄市或縣（市）主管機關得逕行沒入飼主之動物：

一、違反第五條第三項規定棄養之動物。

二、違反第七條規定，無故侵害他人之生命、身體、自由、財產或安寧之動物。

三、違反第八條規定，飼養、輸入、輸出經指定公告禁止飼養、輸入或輸出之動物。

第三十三條

有下列情形之一，除依本法處罰外，直轄市或縣（市）主管機關應令飼主限期改善；屆期未改善者，得逕行沒入其動物：

一、違反第五條第二項規定，使動物遭受不必要之虐待、騷擾或傷害者。

二、違反第十條規定，所利用之動物。

三、違反第十一條第一項規定，未給與動物必要之醫療者。

四、違反第二十條第二項規定，使具攻擊性寵物無成年人伴同或未採

取適當防護措施，出入於公共場所或公眾得出入之場所。

第三十四條

本法所定之罰鍰，由直轄市或縣（市）主管機關處罰之。

第三十五條

依本法所處之罰鍰，經限期繳納，屆期仍不繳納者，移送法院強制執行。

第七章　附　則

第三十六條

於中央主管機關依第八條指定公告前已飼養禁止輸入、飼養之動物者應於中央主管機關規定期限內直轄市或縣（市）主管機關登記備查;變更時，亦同。

依前項規定辦理登記者，始得繼續飼養；非經中央主管機關指定公告者，不得自行繁殖。

違反前二項規定者，依第二十六條及第三十二條第三款規定處理。

第三十七條

依第十九條第一項公告前已經營應辦理登記寵物之繁殖、買賣或寄養者，應自依第二十二條第二項所定管理辦法施行之日起二年內，向直轄市或縣（市）主管機關申請許可；屆期未申請者，依第二十五條規定處理。

第三十八條

直轄市或縣（市）主管機關依第十九條第二項發給寵物身分標識及第二十二條第一項核發許可，應收取費用；其收費標準，由中央主管機關定之。

第三十九條

本法施行細則，由中央主管機關定之。

第四十條

本法自公布日施行。

【動物保護法施行細則】

◎中華民國八十九年一月十九日（八九）農牧字第八九○一○○五五
四號

第一條

本細則依動物保護法（以下簡稱本法）第三十九條之規定訂定之。

第二條

依本法第十二條第一項第四款規定，申請宰殺動物者，應於宰殺動物前填具申請書，並檢附下列資料，向該管直轄市或縣（市）主管機關申請許可：

一、申請人名稱或姓名、住址、身分證明文件。

二、宰殺動物之種類、數量及理由。

三、宰殺動物之實施期間。

四、宰殺動物之場所。

第三條

本法第十六條第一項所稱進行動物科學應用之機構如下：

一、專科以上學校。　　　四、生物製劑製藥廠。

二、動物用藥品廠。　　　五、醫院。

三、藥物工廠。　　　　　六、試驗研究機構。

七、其他經中央主管機關指定之動物科學應用機構。

第四條

本法第二十條第一項所稱適當防護措施，指伴同之人應以鍊繩牽引寵物或以箱、籠攜帶。

第五條

本法第二十三條第一項所定動物保護檢查人員，應經中央主管機關辦理專業訓練結業；所定義務動物保護員，應經直轄市或縣（市）主管機關辦理之專業訓練結業。

動物保護檢查人員及義務動物保護員之身分證明文件，由直轄市或縣

（市）主管機關核發。

第六條

義務動物保護員協助執行動物保護檢查工作，應在動物保護檢查人員指導下進行。

第七條

於中央主管機關依本法第八條指定公告前已飼養禁止輸入、飼養之動物者，飼主應於公告後六個月內，向飼養地直轄市或縣（市）主管機關辦理登記。

第八條

飼主繁殖中央主管機關依本法第三十六條第二項指定公告之動物者，應自該動物出生之日起三個月內，向飼養地直轄市或縣（市）主管機關辦理登記。

第九條

依前二條規定辦理登記者，於飼主之住、居所變更或飼養動物之地點變更時，飼主應自事實發生後一個月內，向原登記機關辦理變更登記；取得或受讓已辦理登記之動物者，亦同。

第十條

依第七條、第八條規定辦理登記之動物死亡，飼主應自動物死亡之日起一個月內，向原登記機關辦理註銷登記。

依第七條、第八條規定辦理登記之動物遺失，飼主應自動物遺失之日起一個月內，向原登記機關辦理申報；已申報遺失之動物，於一年內未能尋獲者，視同死亡，原登記機關得逕行註銷。

第十一條

本細則所定各類書、證、表之格式，由中央主管機關定之。

第十二條

本細則自發布日施行。

【寵物登記管理辦法】

◎中華民國八十八年七月三十一日行政院農業委員會（八八）農牧字
第八八○四○二二一號令發布

第一條

本辦法依動物保護法（以下簡稱本法）第十九條第三項規定訂定之。

第二條

本辦法所稱之寵物，係指中央主管機關依本法第十九條第一項規定指
定公告之寵物。

第三條

飼主應於寵物出生日起四個月之內，檢具下列文件，向直轄市、縣
（市）主管機關或其委託之民間機構、團體（以下簡稱登記機構）辦
理寵物登記：

一、飼主身分證明文件。

二、中央主管機關指定之預防注射證明文件。

三、寵物晶片、頸牌之成本與植入手續費及登記費之繳費收據。

營利性寵物繁殖或買賣業者所飼養之寵物，出生日起六個月內，未經
販售者，得暫免辦理寵物登記。

第四條

有下列情事之一者，經直轄市、縣（市）主管機關核准，得免辦理寵
物登記：

一、軍用犬隻。　　　四、檢疫犬隻。

二、警用犬隻。　　　五、導盲犬隻。

三、緝私犬隻。　　　六、實驗犬隻。

七、直轄市、縣（市）主管機關自行設置或委託民間機構、團體設置
　　之動物收容處所或指定場所中暫時收容之動物。

前項第一款至第五款之犬隻所有人，應檢具犬隻數量、品種及用途等
資料，向直轄市、縣（市）主管機關申請核准，並得植入晶片。

第一項第六款之犬隻所有人，應檢具犬隻數量、品種及用途等資料，向直轄市、縣（市）主管機關申請核准。

第五條

登記機構受理申請後，應將寵物編號並懸掛寵物頸牌於頸項及植入晶片後，核發寵物登記證明。

第六條

經取得、轉讓已登記寵物或住居所異動之飼主，應於一個月內填具異動申請書及檢附寵物登記證明向登記機構申請變更登記，換發寵物登記證明。

第七條

寵物遺失，飼主或寄養者應於遺失事實發生後五天內，檢具寵物登記證明，向登記機構申報寵物遺失。

經申報遺失之寵物，於一年內未能尋獲者，視同死亡，由登記機構辦理註銷登記。

第八條

寵物死亡日起一個月內，飼主應檢具寵物登記證明，向登記機構辦理註銷登記。

第九條

民間機構、團體申請為寵物登記之登記機構者，應檢具申請書，向所在地直轄市或縣（市）主管機關申請辦理。

直轄市或縣（市）主管機關自行或委託設置之動物收容處所，辦理寵物登記業務，不受前項限制。

第十條

直轄市、縣（市）主管機關受理民間機構、團體申請為寵物登記之登記機構，應由動物保護檢查人員勘查合格後，始得辦理委託契約。

第十一條

民間機構、團體受委託為登記機構者，應於每年一月底以前，將上年度辦理各項登記之件數及飼主資料，報請所在地直轄市、縣（市）主

管機關備查。

直轄市、縣（市）主管機關每年應至少一次派動物保護檢查人員至委
託登記之民間機構、團體，稽查其委辦業務執行情形，受委託之登記
機構不得規避、妨礙或拒絕。

直轄市、縣（市）主管機關於訂定前條委託契約時，應將前二項文字
於委託契約中載明，違反前二項之規定者，得予終止委託契約。

第十二條

為防範寵物過量繁殖，各級主管機關得補助寵物絕育之費用。

第十三條

寵物標識之頸牌及晶片編碼方式，由中央主管機關規定之；其標識所
用之頸牌、晶片由直轄市、縣（市）主管機關辦理採購。

第十四條

本辦法所定各類書、證、表之格式，由中央主管機關定之。

第十五條

飼主未依本辦法所定期限辦理寵物之出生、取得、轉讓、遺失或死亡
登記者，依本法第三十一條處罰。

第十六條

本辦法發布前已飼養之寵物，飼主應於本辦法施行後一年內，依本辦
法之規定辦理寵物登記，逾期未辦理者，依前條論處。

第十七條

本辦法自中華民國八十八年九月一日施行。

【寵物登記管理及營利性寵物繁殖買賣或
寄養業管理收費標準】

◎中華民國八十八年七月三十一日行政院農業委員會（八八）農牧字
第八八○四○二二一號令發布

第一條

本標準依動物保護法第三十八條規定訂定之。

第二條

本標準規定之各種金額，均以新臺幣為單位。

第三條

寵物辦理登記時，直轄市及縣（市）主管機關應發給寵物身分標識，
並依下列規定收費：

一、寵物晶片、頸牌之成本及植入手續費三百元。

二、登記費

　　㈠絕育寵物：五百元。

　　㈡未絕育寵物：一千元。

本標準施行三個月內，辦理寵物登記者，依下列規定收費：

一、寵物晶片、頸牌之成本及植入手續費三百元。

二、免收登記費。

本標準施行三個月以上一年以內，辦理寵物登記者，依下列規定收
費：

一、寵物晶片、頸牌之成本及植入手續費三百元。

二、登記費

　　㈠絕育寵物：二百五十元。

　　㈡未絕育寵物：五百元。

第四條

寵物辦理變更登記收費一百元。

第五條

寵物辦理遺失或死亡登記，免收登記費。

第六條

寵物頸牌或登記證遺失，申請補發收費五十元。

第七條

寵物遺失經送交動物收容處所收容，飼主認領時，動物收容處所得向飼主收取飼料及場所管理費用，每日二百元。

第八條

寵物繁殖、買賣或寄養業許可證，每件收費二千元。

第九條

向直轄市、縣（市）主管機關自行或委託民間機構、團體設置之動物收容處所或指定場所認養之寵物，其寵物登記費減少二分之一。

第十條

本標準自中華民國八十八年九月一日施行。

台中市世界聯合保護動物協會

Taichung Universal Animal Protection Association

★寶島動物園：www.lovedog.org.tw

關懷動物＼尊重生命＼戒生止殺
請支持「不亂買 不亂養 不亂丟」

　　民國八十三年，「台中世聯會」（TUAPA）在台中市成立了。我們是由一群熱心參與的人士籌組而成，幾年來秉持著一份對生命的執著與熱愛，協助無家可歸的同伴動物重新獲得庇護，希望流浪動物將不再流浪。

　　為了一群又一群善良無助的流浪狗兒們，我們永遠不會放棄。請珍視我們生之為人的惻隱仁心，請堅守動物保護的理念，要相信，您我為狗兒付出的心力不會白費，您的每一份善念、每一個銅板，都可能終止台灣流浪動物的悲慘命運。讓我們替不會說話的狗兒謝謝您！

　　您可以透過以下方式聯絡我們：

◆ 電話：04-23725443 / 23724943
◆ 傳真：04-23725458
◆ 信箱：404 台中郵政第 26 支 56 號信箱
◆ 電子郵件：savedog@lovedog.org.tw
◆ 郵政劃撥帳號：21781702
◆ 戶名：台中市世界聯合保護動物協會

新手養狗

編　　著：世茂編輯群
審　　訂：朱建光
主　　編：羅煥耿
責任編輯：唐坤慧
編　　輯：黃敏華、翟瑾荃
美術編輯：林逸敏、鍾愛蕾

發 行 人：簡玉芬
出 版 者：世茂出版有限公司
登 記 證：局版臺省業字第564號
地　　址：（231）台北縣新店市民生路19號5樓
電　　話：(02)22183277
傳　　真：(02)22183239

劃撥帳號：19911841
戶　　名：世茂出版社　單次郵購總金額未滿200元（含），請加30元掛號費
酷書網：www.coolbooks.com.tw
電腦排版：龍虎電腦排版公司
印 刷 廠：長紅印製企業有限公司
初版一刷：2002年12月
　六刷：2005年11月

定　　價：170元

國家圖書館出版品預行編目資料

新手養狗／世茂編輯群編著. -- 初版. --
臺北縣新店市 ： 世茂， 2002 [民 91]
面 ； 公分 --（寵物館：1）

ISBN 957-776-437-1 （平裝）

1. 犬—飼養　2. 犬—訓練

437.664　　　　　　　　　　　　　91020896